INTERIOR ELEVATION

室内立面材质
设计圣经

造型设计 | 混搭创意 | 工法收边
顶尖设计师必备

漂亮家居编辑部　著

中国轻工业出版社

Contents
目录

1

绪论

立面设计
背后的思考

剖析立面设计 Q&A

剖析立面设计 Q&A

立面设计，根据字面上的含义，最直接联想到的就是墙面，但立面可不是只有墙面这么单一化的选择，柜体、家具、玻璃轻隔间，只要是空间的界定，都可称为立面的一种。因此，如何运用创意和风格创造空间的界定，将是对设计师的挑战。

不同设计师针对立面都会有自己喜好的设计模式，可能是从实际的功能面去切入，可能是从居住者的使用层面考虑，也可能是从材质层面思考如何结合异材质，因此，漂亮家居编辑部特别采访了亚菁室内装修艺术总监陈镕、本晴设计连浩延老师、相即设计总监吕世民，请三位根据自身经验，提供新晋设计师与未来希望转职为设计师的人一些思考依据和方向。

Q1　进行立面设计时，设计师需要考虑哪些要素？

对空间来说，立面设计可能是隔间、端景墙等功能，规划构思之前可从以下四点进行思考：

（1）功能性

所谓"形随机转"，就是设计的形式要符合使用功能，并且根据功能性来设计立面。它可能不只是一面可供展示的墙，而是一个连接天与地的功能柜体，或者结合其他设备的电视墙，让立面具有多功能整合的优势，以功能来决定造型设计。

图片提供 _ 本晴设计

（2）风格与构图

一个空间必须考虑整体性和协调性，现在很多人会上网搜寻漂亮的立面图片，希望设计师将每一面墙打造出不同的样貌，然而，当四个风格不一的立面拼接起来反而导致过度设计，也过于杂乱。亚菁室内装修艺术总监陈镕认为，不用做过度的设计，将重点集中在软装与摆饰上，让立面变成绿叶，营造风格的整体性。不过，本晴设计连浩延老师则有不同的看法，任何一种风格都有不流行的时候，因此他反而更加看重材质的物理性格，而非将风格作为主要的设计考虑。

（3）材质

本晴设计连浩延老师认为，立面的材料非常重要，他会尽可能让天（天花板）、地（地板）、壁（立面）的材料统一，甚至全部使用水泥，着重于让单一材料产生多样性的变化，而非以多种材料去混搭。另外，相即设计总监吕世民表示，立面材质还需要考虑安全性、尺寸限制、厚度、吸音性等。

亚菁室内装修艺术总监陈镕提到，最单纯的立面材质就是上涂料、贴壁纸，除此之外，选用其他材质得注意材料拼接的问题。举例来说，在3D立体图看似完好平整的墙，实际上会有拼接线，因为一块板材尺寸是120cm×240cm，而一面墙远大于板材的尺寸，如何解决拼接材质时所产生的瑕疵感，为材质拼接线选择最适当的位置，解决房主想不到的设计难题，就是设计师要做的事。

（4）以人为本的设计理念

男女老幼对于居住环境会有各自不同的疑虑，所以设计师需要考虑居住在空间内部的所有人希望达成的需求，比如避免空间出现尖锐的细节，或是担心设计美观的立面不容易清理，因此，建议在手可能会触碰到的地方选择好清洁、好保养、耐冲击的材质。

Q2	如何让立面设计与空间、环境结合？

亚菁室内装修艺术总监陈镕认为，立面大致上分为两种，一种是固定不动的背景墙，必须考虑天、地、壁这三个点的结合与配色而做比较安定和谐的设计，尽量搭配空间中的家具配饰，让房主有自己布置的机会，而不是每买一样东西之前都要询问设计师，担心破坏居家的立面设计，形成不协调的搭配。

另一种是隔屏类的立面，可能是半穿透、半开放的，甚至是活的，以半虚半实的墙当作空间与空间的区隔，像是线帘。这一类型的立面同样须考虑天、地、壁之间的关系，但因为不是死板固定的，反而能透过设计手法让立面呈现多元的视觉效果，甚至能随着人的行进看到不同层次的线条变化。

本晴设计连浩延老师表示，立面是更清楚表达室内与环境之间的对话，例如思索空间与光线之间，若过滤光线的材料有所不同，则会呈现很不一样的空间感，住进去的人将可以细细地体验空间，而非仅是匆匆走过，好的立面会让人驻足停留，否则将与广告看板大同小异。

图片提供_相即设计

Q3　在设计中，如何掌握立面与人的关系？

图片提供 _ 相即设计

亚菁室内装修艺术总监陈镕认为，丢掉本位思考，多替别人着想，考虑不同性别、年龄层的需求，就能找到通用的立面设计。近几年来，居家健康的议题逐渐兴起，人们开始知道室内会有甲醛、TVOC等化学挥发物，也开始注重居家照护，考虑安全因素，在立面上不做无谓的设计，有些设计师考虑老年人夜间如厕的需求，甚至做内凹的辅助墙，让他们可以当作安全扶手使用。因此，"以人为本"来思考设计的话，就会产生有别于以往的创意。举例来说，若是业主比较注重隐私，可以在穿透性高的立面上用不透明的材质混搭，营造半穿透的设计，该开放的地方开放，该封闭的地方封闭。

Q4　预算不高时，如何规划立面设计？

亚菁室内装修艺术总监陈镕表示，最便宜的方式就是上涂料、贴壁纸，但是如果你能发挥创意，再结合业主的职业或兴趣，能规划很多不同的立面设计，尤其是商业空间能规划的形式更多。用别人不敢用、没有想象到的材质当作活动的分隔立面，比如咖啡麻布袋搭配胶合板、报纸铺墙面再上胶做保护固定、洗衣板做任意拼贴、洗干净的鲍鱼壳等，平时把搜集而来的小东西用创意集合在一起，未来可能就是立面设计的元素。相即设计总监吕世民认为，利用颜色、软装、挂钩，以自身的美感去创造立面，也是很棒的方式。

Q 5　小面积的空间，还适合做立面设计吗？

　　小面积的家首先思考的就是如何放大空间，而放大空间最好的方式就是在不需要有功能的地方运用镜面。在墙壁利用暗色、冷色系，天花板与地面用亮色系或白色系，因为暗色是退后色，可以让空间变大；反之，在小面积的房子立面用白色，则会让空间有拥挤、压迫感。另外，小面积的家更要做有收纳功能的立面设计，想办法增加高处的收纳量。

Q 6　哪些地面材质也适合用在立面？怎么去变化？

　　除了浴室以外，所有的地面材质都可以拿来当作立面材质，但立面材质则不一定能当作地面设计。尤其是商业空间最适合以地面材质当立面，不仅耐脏还耐磨，有些设计师会直接从地面延伸到立面，做L型的设计，甚至运用影像建材让地面以相同花纹连接到天花板空间，产生放大效果。目前最便宜的地面材质应该就是塑胶地板，可以达到好清洁、好保养、耐冲击等效果。

图片提供 _ 相即设计

Q 7　平时该如何通过日常生活训练立面思考？

　　亚菁室内装修艺术总监陈镕建议，每当走进任何空间内，开始观察空间的四个立面，以门口为界，把空间剪开来摊平，这样一来，四个立面就摊平成一大块长方形，把四个立面当作是一个整体平面来思考，如果设计看起来是和谐、延续的，就可以继续设计。相即设计总监吕世民则建议，摄影、拍照是最直接的训练方式，观察空间的天地比例、光线明暗以及材料的组合拼接，只要不断进行立面思考训练，就会有进步。

2 | 好想展现出众质感
石材

Part1
认识石材

图片提供 _ 橙白设计

一般而言，岩石依其生成方式可分为火成岩、沉积岩及变质岩三大类，而建筑石材主要分为火成岩类的花岗岩、玄武岩、安山岩，沉积岩类的石灰岩、白云岩、砂岩，变质岩类的大理石、蛇纹石等。

要使用及设计石材立面，首先要了解石材的物理及化学特性，才能做好正确的应用及设计。石材装饰特性的优劣，主要取决于石材的颜色、表面纹路、光泽等，不应有影响美观的氧化污染、色斑、色线等杂质存在。挑选石材的立面风格时需要考虑的有以下几点：

✔ **表面纹路**	颜色、花纹须美观一致，其内部应不含热膨胀系数大的成分，以避免石材内部应力集中而产生裂纹，不宜有导热及导电率过高的成分潜藏其中，造成危险。
✔ **光泽**	石材的光泽取决于组成的矿物所呈现的光泽，光泽度除与矿物组成及岩石的结构有关，也和加工后石材镜面的平整度、组成镜面颗粒的细度及加工时表面发生的物理、化学反应有着密切关系。
✔ **色泽**	石材的色泽是指岩石中各种矿物对不同波长的可见光选择性地吸收和反射，而以各种绚丽的色彩呈现出来。石材色泽主要分为浅色与深色两类。浅色矿物有石英、长石、似长石等；深色矿物通常含有铁、镁，如云母、辉石、角闪石等。

从低调中看见奢华
01大理石

| 适合风格 | 现代风、古典风
| 适用空间 | 客厅、餐厅

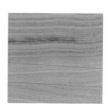

图片提供 _ 相即设计

材质特色

大理石为因造山运动而形成的石材，莫氏硬度约3度，硬度虽然没有花岗岩高，但比起石英砖、瓷砖都来得硬，铺设在地面或壁面皆可。它本身有毛细孔，一旦与水汽接触太久，水汽就会渗入石材，与矿物质产生化学变化，造成光泽度降低，或是有纹路颜色加深的情形出现。优点为纹路多变、质感贵气，缺点为有污渍，难清理，保养不易。若是希望立面为古典、奢华风，选用大理石是最恰当的呈现方式。

种类有哪些

大理石可分为浅色系、深色系以及水刀切割而成的拼花大理石。浅色大理石在养护上需要比深色大理石更为费心；而深色大理石的吸水率相对较低，防污效果较好；拼花大理石包含花卉、几何图案等，图案富于变化，可依喜好选择。

挑选方式

可依照居家风格与需求做选择，选择适合的大理石种类。单色大理石要求色泽均匀，图案型大理石则尽量挑选图案清晰、纹路规律者为佳。观察石材外表是否方正，取材率是否较高，同时石材本身密度高的，亮度与反射程度也较好，品质较高。可用硬币敲敲石材，声音较清脆的表示硬度高，内部密度也较高，抗磨性较好，吸水率较小，若是声音闷闷的，就表示硬度低或内部有裂痕，品质较差。

图片提供 _ 相即设计

户外立面最佳石材

02花岗岩

| 适合风格 | 古典风、乡村风
| 适用空间 | 厨房、卫浴、阳台

图片提供 _ 浩室空间
设计

材质特色

花岗岩为地底下的岩浆慢慢冷凝而成，由质地坚硬的长石与石英所组成，莫氏硬度可达到5~7度。其中，矿物颗粒结合得十分紧密，中间孔隙甚少，也不易被水渗入。吸水率低、硬度高、质地坚硬致密、抗风化、耐腐蚀、耐磨损，美丽的色泽还能保存百年以上等特性，使得花岗岩的耐候性强，能经历数百年风化的考验，建筑寿命比其他石材长许多。但从设计上来看，比起大理石，花岗岩的花纹变化较单调，缺乏大理石的雍容质感，因此难以成为空间的主角。它的色泽持续力强且稳重大方，比较适合古典风格和乡村风格。

种类有哪些

花岗岩石材按色彩、花纹、光泽、结构和材质等因素，分不同级别。在台湾，花岗岩分为黑色系、棕色系、绿色系、灰白色系、浅红色系及深红色系六类。花岗岩十分适合作为户外建材，大量用于建筑外墙和公共空间。

图片提供 _ 浩室空间设计

挑选方式　　　　　依颜色区分可分为深红色、浅红色、灰白色、黑色、绿色、棕色等，先从喜欢的花岗岩颜色来选择，再观察花岗岩的表面结构，若有一些裂缝或细纹，就要先行淘汰。此外，可以敲击石材确认内部结构紧密均匀。

让家有大自然的味道
03板岩

| 适合风格 | 美式风、乡村风
| 适用空间 | 客厅、餐厅、书房、卫浴、阳台

图片提供_橙白设计

材质特色

　　板岩的结构紧密、抗压性强、不易风化，甚至有耐火、耐寒的优点。早期因为板岩加工不多，其特殊的造型较少运用于室内，反而被广泛运用在园林造景、庭院装饰等，展现建筑物天然的风情。但近年来石材的运用日渐活泼，板岩自然朴实的特性也被许多重视休闲的人所接受。

　　板岩的吸水率虽高，但挥发也快，很适合用于浴室，防滑的石材表面，与一般常用的瓷砖光滑表面大不相同，有种回归山林的自然解放感，触感更为舒适。

种类有哪些

　　板岩一般以颜色与表面处理方式区分，颜色可以分为黄板岩、绿板岩、锈板岩、黑板岩，各种类依照矿物质含量不同而有天然色差，依表面处理方式可分为蘑菇面、劈面、几何面、自然面、风化面。一般来说，自然面与风化面较常用于户外或建筑外墙，而纹理较细致的蘑菇面与劈面较常用于室内。

挑选方式

先考虑空间与家庭成员的需求后再挑选。板岩适合铺在浴室的地面、壁面，其防滑且易吸水的特性，再加上粗犷天然的风格，可营造如度假般的悠闲感。但因板岩易吸油，则不适合铺在厨房等易生油烟的地方。板岩的厚度不一，铺设起来较不平整。家里若有老人或小孩，则不建议铺设在室内，以免发生危险。

图片提供 _ 橙白设计

纹理特殊极具质感

04 洞石

图片提供 _ 富亿空间
设计

| 适合风格 | 各种风格均适用
| 适用空间 | 客厅、餐厅、书房、卧室

材质特色

洞石因表面有许多天然孔洞，展现原始纹理而得名。一般常见的洞石多为米黄色系，若掺杂其他矿物成分，则会形成暗红、深棕或灰色洞石。其质感温厚、纹理特殊，能展现人文的历史感，常用于建筑外墙。

洞石又称石灰华石，为富含碳酸钙的泉水下所沉积而成的。在沉淀积累的过程中，当二氧化碳释出时，而在表面形成孔洞。因此，天然洞石的毛细孔较大，易吸收水汽，若遇到内部的铁、钙成分后，较易形成生锈或白华现象，在保养上须耐心照顾。

种类有哪些

不同的矿物成分和沉积层深浅，会使洞石呈现不同的色系，略可分为较易开采的米黄色洞石，以及位于较深的地层硬度比米黄色洞石高的灰色、深棕色洞石。目前也研发出人造洞石，洞石原矿经过1300℃的高温煅烧后，去除内部的铁、钙，保留洞石的原始纹路，但却更加坚硬，经烧制后密度较高，莫氏硬度可高达8度。表面虽无原始的孔洞，但经过抛光研磨后亮度可比拟抛光石英砖。不过，人造洞石的自然度比不上天然石材。

图片提供 _ 富亿空间设计

挑选方式　　　　　　选购前，事先评估商家的品牌与商誉是否有保障，另外，也可以从产地来判断，品质较高的天然或人造洞石多为欧洲国家进口，比如意大利、西班牙等。

Part2
经典立面

**引光入景间
惊艳石材有大美
随光辉映中 石纹摇曳生姿态**

空间面积丨 1090m²   主要建材丨古堡灰大理石、钢
刷木皮、烤漆、铁件、盘多魔、波龙、木地板、岩板

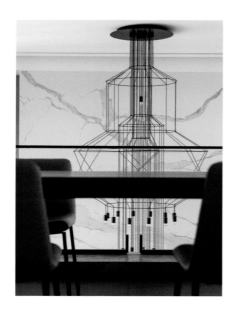

文 詹玲凤 nunu
空间设计暨图片提供   森境＋王俊宏室内设计

← **最美的端景，线与面间的黄金比例** 视角从远中近的关系中解析出点到线，再到面之间的优雅比例。在黑线构成与白底铺陈间，带出粗细与黑白的对比力度，黑色细线以反差营造出轻盈的优雅，白色石面以明亮的色感隐藏住石材的厚重视感。

↑ **以挑高轩昂划出气度，雕刻白对比镂空黑刻画优雅** 挑高轩昂的大宅气度跃然于眼前，主墙面由顶而下雕刻白大理石，衬着黑色镂空线型巨型吊灯，成为大厅中最干净夺目的风景。电视墙面以黑白对比色搭配，贯穿二楼层做出气势，周围一派的灰白调系更衬托出白色大理石的优美，让其跃升成为厅中主角。

← **运用格栅、错层等手法，界分出区域间的隐形藩篱** 延续交谊生活的乐趣，大空间以直通式场域打造。双厅以木格栅作透视分界，品茗与品酒座谈区则利用高低错层拉出视野分界。其中以各式家具展现古典优雅或现代几何等多元线条，丰富各区域层次。

← **引天光入邸，光透如秀，随时序展演着** 透过天窗，自然光源被巧妙引入地下楼层的宴客厅中，当均匀温和的光昼映照于石材面上时，白灰色的卡拉拉更显生动，也进而模糊了身处于地下室的感知。

→ **步步拾阶享有天井光，天地壁满载雾金色系营造低调大气** 蜿蜒而上的梯间享有自然天井光照，梯间天地立面以雾金系石材分割重组后，铺陈出低调内敛的大气风采。壁面扶手以简约内嵌铁件搭配人工光源拉出动线线条，外侧扶手以透玻营造低调视感，让石材成为主视觉，使整体配置有了主从之分。

作品基地样貌为双拼大别墅格局，在空间条件上更有恢宏大气姿态。设计师掌握其空间在气势条件上的优势，大方利落地以石材装置作为空间视觉主角，铺陈出色韵浓淡合宜、质地洗练如玉的风华美学。石材满载大地千百年淬炼的自然能量，植入这栋以光来雕琢生活线的大宅豪邸中。

自然天光于基地两侧并行引入，宅邸空间偌大，格局规划上特意保留住区间的通透性，让光与空气等自然力能产生共鸣，双侧光源在维持互透明亮的同时，使石材面能随时与光线交相辉映，加深空间视感中自然石纹所散发出的原质与光泽。

宅邸动线由下至上区域分明。地下室为迎宾功能兼具的社交区域，石材铺陈以展现大气为主轴，石面在雾金与灰白的穿梭中，营造出一种沉稳的韵味。转折而上，进入客厅、餐厅公共领域，大宅气度以挑高轩昂的气势跃然于眼前，主视觉为主立面由顶而下的雕刻白大理石，也是大厅中最干净夺目的风景。四周一派的灰白调系，从清水模壁，到灰透纱帘，再配以灰色沙发等，都只为衬托主墙的白，让其跃升成厅中主角。梯间壁面以云纹大理石材作分割拼贴，对比公共领域中其他大面积石材以对纹方式表现，更多了线性间的错落与趣味质感。

整体空间线条无论是在立面的构成上还是家具的选配上，都展现出干净利落的线性比例之美，丝毫无碍石材于整体空间中如画作般的展演表现，将视觉美学的主从关系铺陈得分庭有序，充分演绎出空间给予人的舒适情境。

↑ 将石材的大气雕刻进生活节奏里　随着优雅的步移景异，一幅幅如画的大理石风采，照亮了空间每一处端景。如玉石般，质清脆而光幽静，带着内敛的光芒，空间闪耀着文人气韵。迎宾以对称的气阔视野，为豪邸序曲拉开序幕。

← 主题材的对调配置，以均色美学放大空间气质　延续莫兰迪色的热度，以均灰质色的盘多魔面处理地壁，让空间产生一致的均质，带着干净无瑕的色温，让餐桌椅以主角姿态进驻端景画面里，放大以扇形镶嵌围绕的卡拉拉白石材为桌面的细腻质感，刻画细节。

↑ **天窗引光的自然美好，活化了生活动静间的节奏**　二楼的廊道是串联起公私领域的分界，举头望自天窗处引入的日光，行走动静间踏过洒落于地的光影，享受美好的生活氛围。廊道与天光交会落于整墙面的开放式书柜旁，对向风景是从二楼顶跃然而下于厅的线型透视大吊灯，生活风景随处可赏。

↗ **以安然有序的融洽氛围，展开交谊厅里的美好故事**　宴客区以开放式姿态，在通透大空间里铺陈着交谊厅所需的多功能，可供用餐、品茗、品酒、聊天等互动。交错的端景以木质立面和石材立面互为搭配，带着清新安逸的融洽氛围。

TREND

石材流行趋势

1. **莫兰迪色系风潮。**石材流行趋势方面，白色系石材依旧不退热度继续流行当道着，另受到市场上莫兰迪色系风潮热度持续发烧，设计师在选配石材色系的表现上，依然处处可见莫兰迪灰系所散发出迷人且均质的协调搭配。

2. **流行的石材纹理较往年来看更具有细腻性的展现。**不再只是卡拉拉等经典样式就能满足消费市场，较奔放走向的纹理或色感强烈的风格产品，都在石材流行界越来越受到关注。

3. **石材的一致性。**在今年的石材配置上，多处可见大空间场所仅用 1~2 款石材作铺贴，充分展现数大即美的一致性美感，也放大视觉上的震撼规模，彰显出石材大气风范的本质。

Part3
设计形式

　　石材依着本身的天然特性与自成美感，赢得古今的爱好与青睐，将之雕磨成装饰材或生活建材与家具所需。在人类漫长的美学历程中，将大理石材广泛应用于建筑展现上，其大器万千或巧夺天工等多样，早已屡见不鲜。现代文明在美学与奢华上的追求，较趋向以便利简洁来诠释浓厚色彩的装饰性，并且更加重视在多元风情与风格的混搭上，树立出属于自身独特性的装饰风格，以下就来介绍应用石材于室内立面的造型工法与搭配方式。

造型&工法

　　石材的立面美学来自于视觉导向下，合并功能设计后的评估。找出与室内气质最能相辅相成的石材面，让天然石材本身的质地能优化感染室内生活的氛围，带出具有独特性的主视觉美学。石材本身散发出的氛围即能自成视觉故事，再经过设计思维的巧妙应用后，多以造型拼贴法或形随量体功能的延伸，来展现各种造型与工法。

图片提供 _ 品纳设计

石材工法
01 船型沟异型加工

以挑高楼层的大立面气势，运用大面石材加深豪邸的景深气度。安格拉珍珠石的灰白云纹细腻气质，衬托起静谧典雅的大空间架构。

图例中的石材以大面拼接工法划出格局，船型沟加工拉长室内线条，使空间更有挑高视觉感。从画面左上方的格栅间隙看出去，层次在远中近的距离中产生典雅的纵横交错。

图片提供 _ 森境＋王俊宏室内设计

施工 Tips

1. 以"金属挂件"施工。在总高度与宽度皆超过 5m 的大型墙面上，石材总片数被分割成 125 片，并以干式工法"金属挂件"施工。

2. 选用干式工法。因石材表面以"船型沟异型加工"划出直向性沟槽导线，异型加工部分为加深凹凸面质感，以 6cm 厚度的石材施工，故重量相当沉重。干式工法能克服重量的承载，且比湿式工法用水泥为介质更有承载力度，也更不易因水泥里的石灰质释放，而造成石材日后在色泽与表理上的异变。

石材造型
02 分割并置

图例中，采用了整块水墨纹理的天然大理石，以分割并置的方式拼贴在一起，营造出一种稳重大气、品位高雅的视觉感受。在纽约白大理石上，延续着独特韵味的纹路，其层次丰富细致，犹如不畏寒冬绽放于白雪里的梅枝。

以中式笔墨展现挥洒奔放，抽象式的水墨表情丰富构筑于立面表现上，在白底与墨线间呈强烈对比样貌。石材面以荷兰画家蒙德里安的原创分割比例展现，在直横宽窄的层次细节中将石材的本质衬托得更有视觉力度。另外，在石材立面点缀雾金色桌面，将比例拉伸得更有协调感，质感也更为细腻。

施工 Tips

1. **先切割，再拼贴。**以石材规划出各种大小比例后，进行切割，再依序以视觉比例作层次拼贴。
2. **事先对纹规划。**石材上的花纹表现，须事先经过缜密的对纹规划，使纹路方向是协调的。
3. **注意衔接处的精准度。**以凹凸落差表现导线视觉，须注意落差处与表面的对纹在衔接处的精准度，使视觉延伸协调。

图片提供 _ 惹雅设计

石材造型
03 人字直角

图例中，以趣味的直角，让石材在曲折间延续着。正看倒看都是呈现"人"字型的拼贴法，较为费工的是以石材来切割成一块块的长方形后，再以直或横式依着人字方向序列作拼贴，呈现一致性的重复趣味之美。

此外，石材本身就有不规则的纹路特质，在每块质面的拼贴并置下可将深深浅浅或纹路走向展现得更有独特性，也加深工法的视觉性。

图片提供＿工一设计

施工 Tips

1. **事先规划视觉呈现**。依材质的色泽与纹路表现，规划视觉呈现、铺贴范围，以及直角曲折的数量。
2. **以中心线为基准铺贴**。人字中心点依中心线为基准，依序叠合铺贴完成。
3. **将收边处的填空面积计算进去**。人字贴、鱼骨贴等工法较耗损材料，故施作前须规划计算好用料，收边处的填空面积也须计算进去。

图片提供＿工一设计

石材造型
04 鱼骨交错

　　图例中，干净细腻的均匀山型，形成立面上最美的手工风景。鱼骨贴类似人字贴法，差别仅在于把每片长方形的头尾切成斜角后，以中心线左右两边对齐铺贴，类似鱼骨头均匀地散布而得名。鱼骨贴的角度小于人字贴，其构成形态在行列间整齐划一，视觉上更显得细腻而优雅。

施工 Tips

1. **规划石材的视觉呈现。** 依材质的色泽与纹路表现，规划视觉呈现、铺贴范围以及曲角的数量延伸。
2. **以中心线为基准铺贴。** 施作鱼骨贴工法时，以鱼骨中心线为基准，依序向左右对称铺贴。
3. **事先计算用料。** 人字贴、鱼骨贴等工法较耗损用材，故施作前须规划计算好用料，头尾的收边处填空也须计算进去。

图片提供 _ 理丝室内设计

图片提供 _ 理丝室内设计

石材造型
05 切片堆叠

一般大理石在设计时，会以整片平面来思考。在本图例中，设计师将银狐大理石切割成细长条状，层层堆叠成半圆的弧，将方形的电梯间置入圆形的元素，希望做出白色裙摆般的层次感。条状的大理石以乱花形式将耀眼的银灰纹理在片片的层次间舞动开来。以百褶裙的概念活化了电梯间的圆弧立面，让光线随着大理石的高低线条呈现明暗交错的光影，再以金色镀钛做收边，加深质感印象。

图片提供 _ 相即设计　　　　　　　图片提供 _ 相即设计

施工 Tips

1. **注意厚薄。**依照百褶造型切割石材，依序排列出扇页效果，须注意每片石材交叠处的厚薄度细节，重叠处应均整，使施工细节平整。
2. **电脑精准运算。**施作立面底为圆弧墙面时，若要对花，石材切割建议先经电脑运算尺寸，较为精准。
3. **搬运小心。**石材切成细碎长条状，在搬运过程中须特别注意石材可能因此撞击断裂。

石材工法
06 圆弧收边

细节是否完美决定了设计的成败，收边是立面设计中一定会遇到的问题，别小看石材的收边工法，展现质感的好与坏，往往都是视觉的第一印象。较讲究的收边做法会在石材以水刀切割倒出圆角，展现出更细致的工法，而且切割角度与拼接的角度都要精确，如此才能确保设计与施工的品质。

右页图例中，将包容性的延伸从分界墙的正立面划向侧立面，也让质材从平面延伸至更立体的视觉。屋顶切出的弧线与电视墙上下对称的石材弧形收边形成端景里的柔和，空间视野也因而更显平衡。以石材收边不仅放大石材的应用范围，从单纯的平面装置延伸更立体，进而带动空间深度。

图片提供 _ 森境＋王俊宏室内设计

施工 Tips

1. **曲型加工石材。**双厅间分界墙上下对称以石材铺面，石材弧形处经过弧形加工，与正立面石材拼接延伸。
2. **以石材颜色分界。**分界墙整体由上至下分多层次，最下方以深色石材为底，使视觉上轻重有序。

图片提供 _ 森境＋王俊宏室内设计

混材

多样材质的混搭并置，能产生多种惊艳效果。石材的美在于色泽与纹理间，呈现出有生命力度的刻画气息，在搭配其他建材时，往往能创造令人赞叹的独特性。例如石材与木材搭配时，能平衡石材的冷调性，使感知升温。石材与金属的搭配能呈现高调的质感，体现高贵的华丽价值。而石材与水泥色质感搭配时，能呈现冷静的当代气息，使氛围稳重。借由各种混合质感的交错搭配，使得石材能呈现出另一种层次。

混搭风格
01 石材 × 金属

右页图例中，低调华丽的混搭风华，内敛的光芒微透光泽。石材内壁面与侧壁面皆以黑网石为主材质，黑网石细密的纹路质地深具肌理，搭配上金属镀钛层板在视觉上呈现质感。以开放性展示层架放大材料质感的精致，层板以镀钛雾金为隔层，其单纯的色系能衬托装饰品，背墙装置嵌光将石材的精致映照得更为生动。

以展示型层架方式打造，镀钛格层以不规则比例错落分割，丰富视觉性，并依量体深度定制展示收纳，加长内空间的收藏面积。此外，柜体外包覆一致性的同款石材，使整个大型量体成为视觉装置，呼应空间的华丽风格。

Methods

施工 Tips

1. **先做好金属骨架再覆盖石材。** 一般来说，施工顺序多半是先依结构需求制作出金属骨架，例如柜体、台面等均是焊接好结构后，再至工地现场覆盖其表面石材，例如台阶、桌板、层板。

2. **防止金属或石材所造成的安全问题。** 收边技巧上，无论是金属或石材最好都事先做好倒圆角的设计，以防止尖锐角度造成的安全问题。

图片提供 _ 理丝室内设计　　　　　　　　图片提供 _ 理丝室内设计

混搭风格
02 石材 × 砖材

图例中的主视觉由亮面白银弧大理石搭配雾面白木纹砖，在直横斜向间并置展演着，两者虽为差异较大的材质，却皆以白色来做平衡搭配，视感毫无违和。

石材的大面积对花纹理呈现内V，再对应于白色木纹的斜向铺陈，产生了线条角度的协调。

石材立面以白银狐为底，平板电视置于中间，纹理方向让电视墙成为亮点。木纹砖立面则以多样拼贴方式表现，如鱼骨贴、斜纹贴、直横向等多样并置呈现，以线条的活泼感平衡纯白空间的单一性。此外，在一片白色系中，配置黑色家具成为画面重心，加深大面积的层次质感。

施工 Tips

依设计形式选择收边技巧。 石材转角的收边有几种做法，一种是加工磨成 45° 内角再去铺贴，贴起来会比较美观，另外最简单的方式就是利用收边条，材质从 PVC 塑钢、铝合金、不锈钢、纯铜到钛金等金属皆有。

图片提供 _ 怀生国际设计

混搭风格
03 石材 × 水泥

近年室内设计工业风蔚然成风，关于水泥建材的应用获得高度关注及广泛讨论，但因清水模建筑造价不菲，风格鲜明，喜恶取决于个人强烈主观；折中大众品位与预算考虑，在建材选择上，将石材与水泥结合运用。由于石头和水泥本质皆为冷调色彩，两者混搭所形成的特殊效果，无论是现代空间或自然休闲风格，甚至和式禅风皆能融合。

图例中以水泥色的清水模质感涂装来搭配主角雕刻白大理石，用水切方式表现几何切割线条，铺出凹凸感层次，两者混搭出平衡的调性，再辅以光雕装置于立面层次中，渲染出宛如装置艺术般情境，丰富空间故事。

Methods

施工 Tips

不一定需要收边。石材和水泥的组合，并非每种状况都要收边，例如清水模本身材料厚实，讲究施工精准度，只有一次成败机会，若采取收边，极可能造成撞坏成品的后果。

图片提供 _ 怀生国际设计

Part4
替代材质

　　想用石材当立面材质却预算不足吗？装修时预算总是最大的考虑与限制，虽然喜欢大理石的贵气质感，但不想在建材花费超出过多预算，也因此在喜欢的设计与费用的衡量上，让人进退两难，不知道该如何选择。不过，科技发达的现在，替代材质真是帮了大忙，例如常见的木地板有塑胶地板可以取代，或是大理石也可改用瓷砖打造类似效果，以下将介绍几可乱真的石材替代材质。

01 仿石材涂料

　　色系干净的暖灰色模面，在宁静中寻求一抹静谧的立面质韵。带着混杂模面的细颗粒质感，在深浅交错的灰色斜切面上，将类石材的质感，以仿石材涂料表现出细致质韵。

　　仿石材涂料以各种饱和性色系的乳状涂料混合细碎天然石料后，搭配出的基底配方，形成类似天然石材般质地，耐候、耐酸碱的韧性厚质涂料，可随立面视觉与造型需求，尝试任意的涂装配置，轻松就能发挥于立面设计的各种创意与风格。此仿石材涂料产品在市场上的发展已相当成熟，应用范例也屡见不鲜，是能维持持久性与耐用性的涂装材料，并且适用于各种不平滑的基底面，延展性与遮蔽性极佳。涂料价格依据室内外使用的耐久度以及色料与石质面质感的呈现来反映。

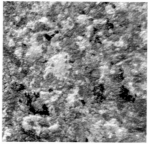

图片提供 _ 创新科技涂料

如果不用手触摸，几乎看不出来这是仿石材涂料。

图片提供 _ 唐岱设计

图片提供 _ FUGE馥阁设计

墙面涂上仿石材涂料，逼真到让人看不出来。

02 仿石材壁纸

下方图例中，同一立面呈现多样材质，质感以均匀氛围延续着，立面上有手感的浅对比和纹路上游走着的心机导线，默默拉长了空间的高度。

延续莫兰迪灰效应，仿饰建材类商品近年开始走起灰系质韵，喜欢大理石质感但又想顾及预算时，大理石壁纸是相当不错的选择。云纹灰大理石的真实质感，丝毫无减属于仿饰材的伪装，静静地展现气韵，再搭配合适的家具，简约地构筑起一块属于自己的天地。

壁纸的简便施工特性与容易更新等多样性，在建材类商品中独树一帜。质感的展现与细腻度也同时反映在价格上，有些高端的精致壁纸商品甚至会以期货的方式采购进口。

图片提供 _ 四季芳明空间设计

喜欢大理石质感但又想顾及预算时，
大理石壁纸是相当不错的选择。

图片提供 _ 四季芳明空间设计　　　　图片提供 _ 四季芳明空间设计

03 仿石材瓷砖

大理石瓷砖即为仿石材瓷砖，其色彩标准的成熟度已达均质细腻，再透过整面铺贴的气势下，几乎能完整媲美真石材的质地，反映出拟真瓷砖的高标准。

仿石材瓷砖的拟真度，相较于真石材几乎可达100%，差别只在喷墨花色的解析度高低。透过表面透亮釉彩的光透，"釉下彩"的纯熟技术一览无遗，但表面的玻璃釉较容易因摩擦而失去光华，所以大理石瓷砖不适合铺贴于人多、受力多的公共场所地面。

大理石瓷砖相较于石材，能避免真石材因开采时对地球资源的损耗，以及运送的能源损耗。另外，在色度和纹理的表现上，因大理石瓷砖的花色呈现为喷墨印刷技术，所以在视觉的表现上，可以选用想要表现的石材纹理种类，而价格上并没有花色珍奇比较昂贵或花色一般比较便宜等区别。

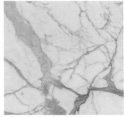

图片提供 _ 汉桦瓷砖

仿石材瓷砖，其色彩标准的成熟度已达均质细腻，几乎能完整媲美真石材的质地。

图片提供 _ 汉桦瓷砖　　　　　图片提供 _ 冠军建材_冠军瓷砖

3

地面、壁面皆百搭的元素

砖材

Part1
认识砖材

图片提供 _ 汉桦瓷砖

　　砖材常被当作壁砖、地砖来使用，较难成为空间里的主角。近几年来，透过烧制技术的逐渐提升，许多瓷砖厂商开始在瓷砖上玩起创意游戏，仿木纹、金属或石材纹路，为立面画上令人惊艳的空间表情。砖材从原本的空间配角，摇身一变为舞台中的主角。

　　砖的外观呈长方体小块状，为构成墙体主要材料。由于砖的制作过程需要消耗耕地和大量的能量，目前正在逐步淘汰。广义上，呈长方体状的建筑装饰材料也冠以"砖"的名字，本书则以广义形式及表面装饰来讨论砖材。挑选用于立面的壁砖必须考量以下几点：

✔ **表面纹路**	砖材种类繁多，再加上烧制技术提升，让砖材的花色加入更多的创意，尤其是数位喷墨技术的大幅提升，导致表面纹路的拟真效果越来越好。可根据自身喜好、需求、预算等条件，寻找最适合自己的砖材种类。
✔ **材质**	尽量挑选抗拉力高、附着力高的砖材。一般制作瓷砖的材质可分为陶质瓷砖、石质瓷砖、瓷质瓷砖。陶砖是以天然的陶土所烧制而成，吸水率5%～8%，表面粗糙可防滑，一般用于户外庭园或阳台。石质瓷砖吸水率6%以下，硬度最高，但目前的使用率不高。瓷质瓷砖即为俗称的石英砖，制作成分含有一定比例的石英，坚硬的质地让石英砖有耐磨的功能，耐压度高，吸水率1%以下，各个空间都适合，但要注意防滑。

媲美石材的晶亮建材

01抛光石英砖

| 适合风格 | 各种风格均适用
| 适用空间 | 客厅、餐厅、卧室、书房

图片提供 _ 汉桦瓷砖

材质特色

石英砖烧成后经机器研磨抛光，表面呈现平整光亮，即为抛光石英砖。其颜色与纹路与石材相仿，具有止滑、耐磨、耐压、耐酸碱的特性，是一般居家最常用的地板与立面建材。其最大的优势就是可以做出各种仿石材效果。市面上抛光石英砖多为拟真石材纹路，具有天然石材的效果，且价格容易被接受，另外就是厚度薄、质料轻，不含辐射物质。目前抛光石英砖在市场上之所以这么受欢迎，主要就是可改善大理石及花岗岩容易变质、吸水率高等缺陷。

种类有哪些

常用的尺寸为60cm×60cm、80cm×80cm、120cm×120cm三种。尺寸越大，沟缝越少，看起来越美观，但大尺寸的石英砖通常是由国外进口，不仅价位比较高昂，在施作上也会增加难度。

挑选方式

　　　　　　抛光石英砖本身具有毛细孔的关系，深色液体、饮料附着表面时容易吃色，应立即擦拭，时间久了会相当难处理。挑选时可以注意它的密度，密度越高，吸水率越低。比较好的抛光石英砖就算洒了水在上面，也不会滑，选购时可以摸摸看，比较一下。

图片提供 _ 汉桦瓷砖

耐磨耐热又环保
02陶砖

| 适合风格 | 乡村风
| 适用空间 | 客厅、餐厅、阳台

图片提供 _ 汉桦瓷砖

材质特色

严格来说，陶砖是以天然的陶土所烧制而成，吸水率5%～8%，表面粗糙可防滑，一般用于户外庭园或阳台。而陶砖的毛细孔多，易吸水但也易挥发，可以调节空气中的温湿度，对人体有益，是属于会自然呼吸的材质，同时还具有隔热耐磨、耐酸碱的特性。当陶砖破损或者要丢弃时，可以完全粉碎后回归大地，是一种非常环保的建材。

种类有哪些

依照烧制方法可分为清水砖、火头砖、陶土二丁、盖模陶砖（压模砖）。陶砖种类中，壁面材分为可直接砌墙的清水砖及火头砖，或无结构功能而以胶黏剂贴在表面的陶土二丁等，都能用于室内外，用于室内时通常以局部装饰为主。从CNS标准红砖中挑选符合标准的、漂亮的做清水砖，它的表面较光滑，一般用于室内，以局部装饰为主。

图片提供 _ 珞石设计

挑选方式　　　　若要用于室内壁面，建议挑密度较高的陶砖，甚至选择上釉陶砖，或是在陶砖上面上一层水渍保护漆，预先拟定好保养对策，才能降低清洁困扰。一般用于工业风的砖墙，会选择有窑变、烧不匀的红砖，彰显斑驳历史氛围。此外，最简单的挑选方式就是直接敲敲看，吸水率过高则硬度不足，容易破碎。

营造特殊空间氛围
03复古砖

| 适合风格 | 乡村风
| 适用空间 | 客厅、厨房、餐厅

图片提供 _ 汉桦瓷砖

材质特色

复古砖给人的手工质感深受人们喜爱，其仿古的色调和花样，在空间显现出让复古砖更具手感的质朴面，砖体完成后利用后续加工将边缘经过特殊处理，更具有旧化的质地。

复古砖利用模具让瓷砖表面产生凹凸的纹路，以表现石块或石片的质感，或是以釉料利用施釉技巧或窑变方式，让瓷砖的色彩以各种不同的质感或深浅不均的方式呈现。

种类有哪些

复古砖从常见的多元色彩到现在仿旧石材的大地色调，范围非常多元，从仿陶面、石面到板岩等都有，例如仿石面的石英砖，则呈现远古建筑的质感，每一片的颜色差异较大，尺寸也不像一般瓷砖的标准来得严谨，有时误差范围较大，目的在于表现粗犷不拘的风格。大面积铺贴时，可利用不同的拼贴方式，突破直线思考，令空间表现出不同的创意乐趣。

挑选方式

　　　　　　　　复古砖几乎都有窑变的效果，选购时要注意样品和实际颜色是否有太大的色差，建议先逐一确认现货颜色是否符合需求后再下单购买。同时也要观察一下是否有严重翘曲的情形。

图片提供_汉桦瓷砖

在家中营造拼贴乐趣
04马赛克砖

| 适合风格 | 奢华风、现代风
| 适用空间 | 客厅、餐厅、玄关、厨房、卫浴

图片提供 _ 汉桦瓷砖

材质特色

马赛克的原意为由各式颜色的小石子所组成的图案，又称为碎锦画或镶嵌细工，在古希腊、罗马地区盛行，现在泛指5cm×5cm以下尺寸的瓷砖拼贴手法。自十九世纪末的西班牙建筑师高第创造马赛克拼贴艺术以来，拼砖魅力就一直备受喜爱。马赛克砖没有风格的限制，可借由不同材质去创造想要的空间氛围，例如日杂风可以六角、圆形马赛克为主，乡村风则可以透过拼贴图腾去展现自然手作精神。在铺设马赛克砖时，可使用片状的网贴马赛克，整片贴上较省事方便，也可买零散的马赛克发挥创意，随兴拼出喜欢的图样。

种类有哪些

依照制成的材质来看，除了一般的瓷质瓷砖外，加上金箔烧制的特殊瓷砖、石材、玻璃，甚至是天然贝壳、椰子壳都被拿来做成马赛克砖，这种新兴类型的材质在建材市场上越来越风行。而马赛克砖的售价与材料的特殊性、形状、大小有关。一般来说，颗粒越小，材质越特殊，则售价就偏高。

图片提供 _ 诺禾空间设计

挑选方式　　　　　　　　一定要依使用空间挑选合宜的材质，因为石材马赛克本身有毛细孔，吸入水汽后容易造成石材变质、变色，通常施作完毕会上一层防护剂保护。因此，若在水汽较多的浴室中，则要特别留意保持通风和干燥。

最吸睛的立面装饰
05花砖

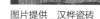
图片提供 _ 汉桦瓷砖

| 适合风格 | 各种风格均适用
| 适用空间 | 客厅、餐厅、卧室、厨房、卫浴

材质特色

花砖的设计是瓷砖最大的特色，向来是各瓷砖厂商展现创意与新技术的重要产品，尤其每年秋季，在意大利波隆那的瓷砖展，更可以见到引领时尚潮流的各式花砖产品。透过瓷砖的印刷技术、上釉手法、高温窑烧等方式，以及瓷砖的表面处理，每一个步骤都会影响花砖的视觉效果。

一般来说，花砖多用于壁面装饰，若要用于地面做装饰，地砖和壁砖使用上的差别通常是以硬度及防滑度作为区别，若要用壁砖作为地砖，建议局部装饰即可，且经耐磨处理过的。

种类有哪些

近年来，瓷砖厂商非常乐于跨界合作，插画家和艺术家的设计也提高了花砖的艺术价值。一般来说，花砖图案以花卉和抽象几何的图形为主流，在空间设计上通常会搭配同系列的素砖让空间产生多层次的变化。

依花纹的大小可分为单块花砖和拼贴花砖。在一块砖上呈现完整的图案，称为单块花砖；而用数块的砖合拼成一幅完整的图案，尺寸较大，多使用于范围较广的壁面，称为拼贴花砖。

挑选方式

由于每一家厂商或每一款花砖的尺寸都不尽相同，若随意更换搭配恐怕会有尺寸不合的问题，最好是整组花砖加素砖统一采购。一般花砖用在壁面为主，不建议铺设于地面，除非有抗磨处理，选购时应先咨询清楚。

图片提供 _ 柏成设计

Part2
经典立面

以砖为画笔 构筑线为黄金比
在协调与冲突间
铺陈自由灵魂

空间面积｜105m² 主要建材｜超耐磨木地板、水泥粉光、红砖、瓷砖、进口花砖、壁纸、黑板漆、黑框玻璃、人造石、铁件

文 詹玲凤 nunu
空间设计暨图片提供　巢空间室内设计

← **木质百叶窗帘营造端景墙** 客厅阳台辅以木质百页窗帘，使光线能依各不同时间的照射，将光影表现于铺贴着仿旧砖的立面上，更多了自然力度的线性与展演。光的力度透过厅间与主卧的轻玻璃隔间，恣意徘徊于空间各角落，增添端景的故事性。

↑ **以砖为主轴的风格立面** 房主喜好仿旧砖面与红砖墙面等具有岁月色泽、又带着原始旷味的朴质面，设计师即决定对原墙面的水泥红砖层下手，凿出原墙面的老砖肌理，再以漆料修饰表面，让深具岁月手感的斑驳质地成为空间中最具力度的特色立面，老砖墙面与对面沙发背墙两侧的复古仿旧砖面柱体相互呼应。

← **左右不对称的混搭收纳**　开放式的玄关格局，进门以豁然开朗的姿态迎接一览无遗的工业风格调。房主期望空间收纳以陈列样貌展示，方便随时把玩生活中与旅游时搜罗的各式美好纪念，于是成就了大门左侧梁下空间，以层板混合铁件打造的开放式柜体，以及大门右侧搭配鲜红跳色的收纳餐柜。左右不对称的冲突混搭，却充满了活泼的协调感，并满足房主对展示收纳的需求。

空间作品为单身年轻男性的独居乐园。房主从事创意行销工作，喜欢出国旅行，也喜好随兴生活的态度，并对国外Loft风格接受度相当高。所以设计规划初期即以外露室内多梁柱结构的特色，将空间结构中产生的线条感作出多方面的搭配，打造多层次样貌的视觉感受，并以暖色为空间主调，平衡了Loft工业风格原始的冷旷味道。

一个人的独居场所可以带来的空间自由度与设计发挥性相当高，通透大场所格局不仅模糊了空间界线，更让丰富的视感装饰能同时并置在眼前，缤纷了宅居空间的美学价值。首先以进门后第一重点，沙发背墙两侧深具岁月感的"复古仿旧砖面柱体"为主角，与对向电视墙面的"裸砖墙"作呼应。裸砖墙以室内原始隔间墙为底，凿出整面的不规则裸面，呈现出斑驳手感的原味。两种立面材质在仿旧与真实间，带着协调与冲突的对比，传达出视觉力度。

在拆除了客厅与主卧间的隔间墙后，以铁件框体与玻璃作为公私领域间的分界，视野与光线让空间穿透并开阔，也让动线层次能更有故事性。当有访客来访时，只要将玻璃隔墙内的窗帘拉起，即能保有隐蔽性。主卧床头是可左右活动的墙板，也是开放式衣柜的拉门，将之结合起不仅有形随功能的方便性，在视觉上也更为利落。

餐桌旁的L型墙以"黑板漆"创造出涂鸦灵感墙，让房主在日常生活间能随时提笔记录刚涌现的创意与灵感，任意笔迹都可能是关键。开放式厨房以中岛和悬吊铁件柜来作为与餐厅区的分界，黑色的悬吊铁件呼应着客厅、主卧间同材质的铁件隔墙，以及投射灯的铁件支架等，一致性的黑色金属视感更加调和了属于Loft风的韵味。

← **Loft风的层次美学**　双厅以一字型的开放式格局，流畅了生活动线的循环。全空间各区的立面设计，带着互为冲突却视感协调的趣味对比，带出专属于Loft工业风格的层次美学。细数区域装置，多样且多色，彼此平衡搭配展演，足见设计师的美学功力。

→ **善用黑板漆增添墙面趣味**　吸睛指数相当高的黑板墙面，是从事行销创意工作的房主，平时可随笔记录创意的重点区域。彩度较高的绿色黑板漆搭配上暖灰色系的水泥粉光墙面，呈现相当平稳安定的立面质感，干净的色感氛围将更加有助于需要深度思考的精彩记录。

↑ **既隐秘又开放的穿透立面** 以黑框玻璃墙作隔间，界分主卧和客厅，在视觉上可保留空间与光线的通透感，继而有放大客厅领域的错觉，也借了客厅大窗的光源，让主卧室更为明亮。在主卧中，吸睛的床头主墙也将活泼气氛带至客厅。

↙ **可独享可共食的餐厨空间** 规划之初即拆除原厨房隔间，呼应开放式场所精神，延续开放式厨房架构，厨房与中岛比邻，再延伸出一张温暖的木质大餐桌，整体餐厨区域俱全。当房主独享轻食，或假日想要呼朋引伴，共聚下厨餐叙，功能都非常完整。

↘ **混搭壁砖创造异国卫浴风格** 清新干净的色系，略带着异国情调的卫浴区，在壁砖的选择上以动静平衡的表现，来表达视觉平衡之美。动态感以黑白几何手绘线条的欧式风格花砖，搭配着雾面消光质感的白色面包砖，在动静间表达出律动与平衡的稳定质感。

砖材流行趋势

1. **砖材设计与周边装置、软件搭配协调。** 延续莫兰迪色的流行，放眼看去瓷砖铺陈面均匀地带着灰系感，广泛的灰系分布在空间色调里，看过去既平和又协调，能与周边装置或家具产生搭配共鸣。在无彩度色系里有黑灰白部分，灰色质感最具有均衡色彩个性的功能，不似白色过亮或黑色过深，介于中间的灰色能让空间视感显得均衡协调，此莫兰迪风潮也带动色彩学问导入市场行销美学中。

2. **莫兰迪色持续发烧。** 今年瓷砖界流行的莫兰迪色以暖色灰为主调，色感较以往温暖，质面纹路也较为柔和。色系上多了蓝灰、杏灰、棕灰等明亮色系时尚色，质面上也多见带着内敛岁月感的金属元素面与原热度不退的石纹、木纹或水泥色面等，以并置混搭的手法作出铺贴表现，让空间深具故事性与搭配性。

◤ **仿真木纹壁纸延续客厅砖墙主视觉** 房主期望主卧氛围能带出活力气息，在休憩与活泼间能取得平衡感。视觉上以床头主墙的进口仿真壁纸，带出层次活泼的主视觉。主墙也是衣柜拉门，在视觉与功能上互惠共用。衣柜中间为储藏用，以门片遮掩，两边则为开放式的吊挂区，满足男性对穿着选择精准、收纳简约利落等需求。

◣ **空间的层次界分** 从主卧角度透视看往客厅区域的方向，相当具有空间的层次界分，可一览多面貌的立面安排。原主卧阳台改成卧榻区，拿掉推拉门后，保留两边的短距隔间墙，在视觉上有了区域界定感，也更丰富主卧空间的端景样貌。

Part3
设计形式

瓷砖早在公元前就存在，从许多考古挖掘可证实在古埃及、古罗马时期，就有许多装饰性的瓷砖建材。在人类漫长的历史岁月中，从任何时期的建筑材料来分析，可发现属于各个时期所表现出的美学观感、生活形态、阶级差距等诸多有趣的观察。而瓷砖的演进简单来说，就是从小到大，从繁复到简约，从耐受性脆弱到高强度等，再逐渐提升瓷砖的功能便利性、使用保固耐久等价值。另外，在产品的呈现上，可依照烧结强度、视觉设计、防滑特性、拟真仿饰的工艺水准等功能方面，来选择最适合自己的美学产品。

造型&工法

砖材的立面美学应用就是一种在块面间的构成游戏，依据多样化的瓷砖产品在色相、色温、图案、模面等各种不同的质地，去拼凑出属于自己最喜欢的质感天地。在经过视觉设计的思路下，瓷砖可拼贴出各种视觉应用，变化出多样巧妙的美学感受。

图片提供_柏成设计

砖材工法
01 对齐贴

　　右上方图例就是对齐贴的范例。视觉焦点以带着墨黑质调的彩度，去衬托低彩米黄的盛开绽放，以油画的笔触色韵，展现印象派的暂留光影。整齐铺陈的平贴法，横竖对齐，由上至下依序平铺，将大幅拟真油画瓷砖组合拼贴，传达形象主题墙的大气与整体性。仿画建材比一般大幅画作的维护还容易许多，是喜好独特风格主题墙面的最佳选择。值得注意的是，视觉风格强烈的作品，须考虑整体搭配性，尽量以单纯简洁的空间设计来搭配，较能凸显其气势价值。

　　右下方图例，同样也是对齐贴的范例，层次活泼缤纷的花砖，用于浴室的主题立面墙上，使得整体氛围活泼，充满童趣活力，轻松成为空间中的吸睛亮点。

图片提供 _ 冠军建材_马可贝里瓷砖

图片提供 _ 冠军建材_安心居进口砖

Methods

施工 Tips

1. **注意对花的精准**。对齐贴以一般壁砖的铺贴工法即可，因每片花纹纹路不一，须注意对花的精准性。
2. **尽可能让砖与砖之间隙缝宽幅一致**。有对花需求的砖，须顾及砖与砖之间缝隙宽幅一致，尽可能让宽幅较小，维持视觉衔接的舒适度。

砖材工法
02 前后凹凸面

前后凹凸面带着微微层次，在平面里以错落缤纷的几何立面，让视觉带出动感。瓷砖块面间以方块为单位呈现前后凹凸的立体视觉，略微落差的不规则表面范围让人产生错觉，以平面质感带出立体氛围，是一种很容易表现动态感的质地砖材。

前后凹凸块面表现也常出现在其他较为大型立面材的应用铺陈上，如木皮、岩皮、石材等，以块面做表现的拼贴性建材上，或将各式建材混搭配来作前后凹凸面拼贴，让立面作品更为生动有趣，增加视觉创意。

施工 Tips

1. **事先经过对花规划。**砖材上的花纹表现，须事先经过缜密的对花规划，使得纹路方向是协调的。
2. **注意衔接精准度。**以凹凸落差表现导线视觉，须注意落差处与表面的对纹在衔接处的精准度，使视觉得以延伸。

图片提供 _ 冠军建材_冠军瓷砖   图片提供 _ 竹工凡木设计研究室

砖材工法
03 人字拼贴

图例中顺着铺贴下来的"人"字型贴法，在趣味直角间，以充满利落的清新感，从中再跳出一些灰蓝色块，如舞动的俄罗斯方块般，活泼地散布着。搭配方式以清新自然的纯白色系，与砖缝间露出些许泥水色缝隙，呈现原始的配色，如同穿着白T恤的清爽，显现干净舒服的气质。

人字型拼贴较为费工的是整墙面四周的收边处，因人字交错拼贴，使墙面四周出现不规则空缺，砖材须再裁切来填补空洞处，因此，人字拼贴必须特别注意细节。

施工 Tips

1. **须依中心线铺贴。**人字中心点依中心线为基准，依序以"人"字型贴法叠合铺贴完成。
2. **施作前须规划计算好砖材用料。**人字贴、鱼骨贴等工法较耗损用材，故施作前须规划计算好用料，收边处的填空面积也须列入使用耗材的估算。

图片提供 _ 冠军建材 _ 冠军瓷砖　　　　　图片提供 _ 冠军建材 _ 冠军瓷砖

砖材工法
04 交丁贴法

交丁贴带着类似砌砖墙的效果，最常见的是横向瓷砖缝对着上下层边缘，让每层在横向与行列间产生不规则的活泼错觉，在一片规则铺贴中同步看见重复与交错的趣味，是一种简约又不单调的优雅工法。

莫兰迪灰色系的热度与大地系纹路持续发烧，小片砖也赶上流行热度。带着如云朵般的流线在暖灰系里闪耀着砖面质感，散发简约沉稳的内敛。以岩石表层质地打造的砖面，辅以薄釉施于表层，使砖面带着微光，纹理细致均匀呈现，是简约质感的流行趋势表现。

施工 Tips

1. **按照喜好的"交丁"比例铺贴。** 依视觉期望来调整横向"交丁"比例铺贴，有"1/2 交丁"，也有"3/4 交丁"，也有不按比例水切瓷砖呈多尺寸形状来调整铺陈面应用，不规则的交丁视觉，依个人的喜好作比例调整。

2. **以直向工法铺贴创造另一种立面视觉。** "交丁"法也能以直向工法铺贴，塑造另一种视觉情境。

图片提供 _ 冠军建材 _ 冠军瓷砖　　　　　　图片提供 _ 冠军建材 _ 安心居进口砖

砖材造型
05 马赛克表现

在小方块间的细微质感里，拼凑出属于精灵般细腻的小故事情境。马赛克风情，是低调而舒心的，如同装置配角般，轻巧而雅致。有连续图案的淡雅花色在繁复间匀称展开，以单色拼凑的表现是带着细腻的光泽，不过度以色感夺目，静静地展现属于马赛克家族独有的小块面手感。

马赛克砖的呈现如同一幅镶嵌画般，有方块的，有圆卵状的，有规则或不规则的排列方式，其表现很容易被归纳为艺术类建材。在古罗马时期，马赛克镶嵌艺术开始发扬光大，成为最具特色的艺术表现之一，流传至今，风采依旧，但在设计与色感上，都已被当代的流行趋势所影响，成为一项历史悠久的艺术展现。

Methods

施工 Tips

1. **使用的水泥或黏着材不需太多。**马赛克砖皆为小片砖，施作时须注意使用的水泥或黏着材不需太多，以免从砖缝间溢出，影响砖面的美感。砖缝也应待干燥后再做抹缝操作，尽量维持砖表面的光洁度。
2. **装修最后再行铺贴。**马赛克砖因较为细致，属装饰材，在装修施工最后再进行铺贴。

图片提供 _ 冠军建材_安心居进口砖　　　图片提供 _ 冠军建材_安心居进口砖

砖材造型
06 混搭配置

在充满包容性与多样性的混搭世界里，展现属于自己最爱的喜好风格。砖是明视度极高的风格材料，因为它的混搭可以有多重的变化风格，是极有个性的一种装饰材。

砖面的设计与应用变化非常多层次，其大致可分为抛光砖、石板砖、亮面釉砖等，其中抛光砖是以各色粉料聚集压制后再行烧制研磨，纹理与色泽来自粉料的结合，强度与耐用为最强。石板砖则是几乎包含所有砖种的通称，亮面釉砖则是仿石材大理石瓷砖的化身。多种砖种的延伸与布局，混搭材案例不胜枚举。

左下方图例是以卡拉拉石纹六角砖，搭配木纹砖铺贴至下，是非常吸睛亮眼的搭配，相当具有活力。

右下方图例是中间为仿石纹瓷砖，有沉积纹理之美，两边搭配黑色石板砖，以黑色来衬托仿石纹理的细腻，平衡两种质感的砖面。

> Methods
>
>
>
> ### 施工 Tips
>
> 1. **混搭砖材时须注意砖材厚度。** 两种材质搭配时若有过于突出的厚度差，容易影响铺贴美感，降低整体的视觉平顺度。
> 2. **风格调性要统一。** 搭配混砖材时，须注意彼此的色感与冷暖调性调和，纹理界面是否相衬。
> 3. **正确选择收边条。** 瓷砖收边条不仅是安全防护建材，也是修饰铺面的好配件。

图片提供 _ 层层设计　　　　　图片提供 _ 冠军建材_马可贝里瓷砖

砖材造型
07 组合配置

极简风当道，以简约利落的方式铺贴出舒适的高质感，让色彩来决定空间调性。下方两张图例的风格表现出近年来时尚趋势里最受欢迎的色彩，充分掌握空间市场潮流，以潘通色卡为灵感，希望营造出摊开色卡有如调色盘般的多彩姿态，辅以拼贴设计应用，让简单素雅的几何造型即刻展演出不同变化。

表面材以雾面釉料表现内敛感，例如可以透过手指触碰，把玩一片片细腻手感的色票砖，如同在调色盘上拼贴变化出无限的风格趣味。用色内敛鲜明，在暖灰系的亮明度中带出干净的质地。

Methods

施工 Tips

1. **须注意砖材铺贴的平整度与细节。**以对齐方式依序铺陈，砖色与质感较为干净简单，须注意铺贴的平整度与细节。
2. **砖缝与砖面间隙须保持一致。**维持砖缝与砖面间的铺贴整齐干净，让质感跳出来。
3. **事先规划组合方式与配色。**砖材以单色为主，也可做跳色组合，铺贴前先选好想要组合的方式与配色，较容易搭配出属于自己的风格立面。

图片提供 _ 冠军建材_冠军瓷砖　　　　图片提供 _ 冠军建材_冠军瓷砖

混材

砖材的混搭，在立面上产生无数缤纷的分割几何线条，搭配起相异材质，更能营造在点、线、面间的端景层次感。立面的画布是流动且开放的，材料的应用有其自明性，搭配的结果如同装置艺术的呈现，带着力度的复合美感，满载强大的空间功能。在砖材与金属篇里，有内敛朴实的华丽转身；在砖材与木材篇里，有属于建筑人对空间的原始审思；在砖材与水泥篇里，有建筑材质的艺术性视觉。混材的复合之美，从单一到成对的搭配间，可看出无限的美感质地。

混搭风格
01 砖材 × 金属

空间的创意脉络，回归以居住者的需求与喜好出发。设计师研究并循其生活方式与习惯，量身定制专属的独特品位，再归纳视觉喜好作统整，于表皮与氛围中铺陈雕琢，呈现一种多样貌但平衡舒服的"微冲突"风格美感。

右上方图例中，室内风格以前卫造型合并利落线条，并带着美式基底，使端景充满亮点。收纳处加入雾金色烤漆铁件，再以框形塑出开放式层架，在红砖与异质材的搭配趣味中，成就冲突之美的风格。

右下方图例中，从地面到电视墙面皆以米色木纹砖一致铺贴，木纹砖衬着白色柜体与从天花板延伸到地面的金色支架，自成典雅端景。

Methods

施工 Tips

1. **以不同手法展现多层次视觉。** 室内墙面可以原墙凿出裸砖面来表现，或以仿饰红砖片贴出红砖墙质感。砖缝处可选用喜爱的色系来抹缝，展现多层次视觉。

2. **选择品质较好的填缝剂。** 瓷砖在施工完成后需要填缝处理缝隙，选择品质较好的填缝剂可以预防缝隙发霉或脱落产生粉尘的问题。

3. **砖材与金属施作的先后顺序视设计而定。** 由于金属铁件与壁面或墙面结合需钻孔锁螺丝固定，因此砖材与金属铁件施作先后顺序视设计是否要将接合面的螺丝外露而定。

图片提供 _ 怀生国际设计

图片提供 _ 怀生国际设计

混搭风格
02 砖材 × 木材

砖面与木材的混搭比例很重要，因为两者都是视感强烈的空间主角，搭配时应注意设计比例中主从关系的拿捏，使比例不失真，铺陈出具平衡调性的立面。

右上方图例中，木材表现为木工施作柜体，以规划使用者自有喜好为设计切入点，是辅以功能与使用者观点需求来构筑的立面作品。多以收纳规划延伸出美学比例与价值，成就木材的自明性。整体空间以木材的自然触感、温润的视觉氛围为主调，木质铺面结合灰黑系，呈现统一的深暖色调性。立面以风格色感独特的进口文化石为底，文化石砖墙凹凸有致的纹理与木质面交互构筑出富于质感肌理的客厅主墙。

右下方图例将主墙一分为二，以清爽的水泥砖面为基底，右为主柜体的延伸。双色木质搭配，跳色的错落格层带着缤纷童趣，柜体以浅色木纹延伸出吧台桌与天花板，将通透空间以材质划分出功能界线。整体氛围干净雅致，拥着布满一室的余光，散漫出清新情怀。

图片提供 _ 竹工凡木设计研究室

图片提供 _ 竹工凡木设计研究室

Methods

施工 Tips

1. **先施行砖材泥作，再进行木作。** 当砖材与木材做搭配时，因砖属于泥作工程，因此通常会先进行砖材施工，最后再进行木作。

2. **收边素材可依立面风格选择。** 由于施工顺序关系，通常在木材和砖交接处，会由木材以收边条做收边处理，收边条的材质目前有 PVC 塑钢、铝合金、不锈钢、纯铜到钛金等金属皆有，或以木贴皮或实木收边。

混搭风格
03 砖材 × 水泥

　　水泥色面的简约表情搭配任何砖种应该都毫无违和，水泥面是带着质朴的肌理，映照对比瓷砖铺贴的方格表情，只要掌握住冷暖色的协调，水泥面搭配砖面要好看，应该都不是难事。

　　右上方图例中的中介质为水泥墙，水泥色墙上挂着数幅黑框画，随兴带着工业风的洗炼面目，搭配起左右两边的木纹砖墙，整体立面透露出一种自在感。木纹砖墙将温度带入了冰冷的工业风质地，立面前再置入错落简约的黑色系玻璃吊灯，加深了实景的动态感。

　　右下方图例中，一行灰白系马赛克小方砖与上方平行镜面划过整幅墙面，衔接到底的L型清水模面水泥色墙，马赛克与清水模两种材质呈现T型的交错碰撞，视觉简约干净，平衡协调。

图片提供 _ 冠军建材_马可贝里瓷砖

图片提供 _ 竹工凡木设计研究室

Methods

施工 Tips

1. **先施作水泥再施作瓷砖。** 水泥原本就是贴砖之前的必要程序，因此就工序来看，必定是先水泥再瓷砖。在瓷砖的施作工法上，有干式、湿式、半干湿等多种。

2. **将收边条纳入设计考虑。** 施作前可先将收边条结合后的观感也视为设计的一环，就能避免突兀的设计产生。如果选用的瓷砖凹凸面明显，因加工后不易密合衔接，使用收边条效果会更好。

Part4
替代材质

　　壁纸在居家空间的运用相当普遍且历史悠久。早期在壁纸材质的选择上，以木浆加工而成的纯纸壁纸为主，因其具有价格低廉、施作容易等特质，常被用来取代涂料，达到修饰立面的效果。近年随着室内建材的多元化，壁纸的表面材也持续推陈出新，有表面质感特殊的仿砖纹壁纸、仿石材壁纸、仿木材壁纸等，均可依照空间风格进行适当搭配。此外，使用仿砖纹壁纸可省去铺砖的繁复施工程序，达到快速美学的效果，瞬间活化立面端景。假如立面墙有不可承重的状况，或屋旧有墙面斑驳问题等，考虑暂时性的使用，仿砖纹壁纸是不错的选择。

仿砖纹壁纸

　　仿砖纹壁纸是能快速营造空间、呈现铺砖质感的优质好物，图例中以米奇砖纹壁纸为立面主视觉衬底，营造缤纷可爱的童趣感，更拉近亲子共乐的视觉美学。

　　设计师将室内营造出带着家庭共乐的气氛温度，针对亲子关系的营造与居住者的心境喜好，更能与空间对应到需求，使温馨亲子宅满溢家的共乐氛围。所以公共领域中的亮点主轴就是书房后立面墙上，以一家四口英文名的第一个字母ATJJ为主视觉，雕琢出书房造型书架。并装置三种不同质地的材料，以黄绿色系跳阶，底衬米奇砖纹壁纸，充满童趣韵味，并宣扬家人间的紧密喜好。

图片提供 _ 劲怀设计

注意壁纸接边处的花样是否对齐，以免造成画面不连续的感觉。

图片提供 _ 劲怀设计

壁纸施工前须注意墙面整平，避免裂痕、潮湿、壁癌等情况。

4

轻轻一抹，快速变换风格

涂料

Part1
认识涂料

图片提供_得利涂料

涂料不仅肩负着创造空间色彩与改变氛围的重任，目前市面上推出许多功能性涂料，强调可以调整室内湿度、消除异味、防水、抗菌，让居家空间更健康环保，例如硅藻土可调节湿度，又有粗颗粒、细颗粒等纹理，艺术涂料与特殊用途涂料更是让立面设计增添趣味。

涂料还具有防腐、防水、防油、耐化学品性、耐光、耐温等特性。物件暴露在空气之中，受到氧气、水分等侵蚀，造成金属锈蚀、木材腐朽、水泥风化等破坏现象。在物件表面涂上涂料，形成一层保护膜，能够阻止或延缓这些破坏现象的发生，使各种材料的使用寿命延长。希望以涂料创造立面风格时，需要考虑以下几点：

☑ **空间质感**	改变室内色彩最简便的方法，就是运用各式各样的涂料。除了千变万化的颜色选择外，涂料也可以利用各种涂刷工具做出仿石材、布纹、清水模等材质触感几可乱真的仿饰效果。
☑ **健康因素**	以往油漆类涂料最为人诟病的就是无论是水性还是油性水泥漆都会有让人不舒服的化学味道，虽然经济实惠，却会危害健康。因此，挑选涂料时须符合欧盟CHIP安全规范与健康绿建材认证，而且最好认明符合国家标准的正字标记产品或是具有环保标章、绿建材标章的产品，比较有保障。

色彩持久耐擦洗
01乳胶漆

图片提供 _ 得利涂料

| 适合风格 | 现代风、古典风
| 适用空间 | 客厅、餐厅

材质特色

乳胶漆为乳化塑胶漆的简称，主要由水溶性亚克力树脂与耐碱颜料、添加剂调和而成，漆质平滑柔顺，涂刷后的墙面质地相当细致，且不容易沾染灰尘，又耐水擦洗，即使小孩子贴墙玩耍、涂鸦，也不用担心清洁保养问题。它的附着力强，能覆盖墙面上的小细纹及小脏污，同时不易发黄，所以色彩持久度较水泥漆强。由于乳胶漆的树脂很细，所以刷出来的质感远比水泥漆细致平滑，更适合在室内各种空间使用；但通常油漆师傅为了要呈现细致的质感，会加水稀释并涂刷比水泥漆较多的道数，相对施工成本也提高。

种类有哪些

因人们越来越重视无毒的居家环境，乳胶漆近年来发展出附带多种清净空气的涂料，以打造健康的住家生活。例如加入防霉抗菌的成分，含有除去甲醛的特殊功能，甚至还有利用光触媒作用净化空气。越来越多乳胶漆已通过健康绿建材认证，让消费者可以安心涂刷在卧室、婴儿房等空间。

挑选方式

　　不同于过去的油性漆，现在的油漆几乎都是水性比较安全，但因为原料及添加物的等级与来源不同，乳胶漆也会含有部分化学味及挥发性有机化合物（VOC），不过目前各厂商致力开发较环保健康的产品，并运用各种技术减少化学味及VOC，有些涂料甚至可以分解甲醛。不过，选购有国际认证的品牌或有健康绿建材认证才更有保障。

图片提供 _ 得利涂料

价格优惠覆盖力佳
02水泥漆

| 适合风格 | 各种风格均适用
| 适用空间 | 客厅、餐厅、厨房、卧室、书房、卫浴、儿童房

图片提供 _ 得利涂料

材质特色

水泥漆因为主要涂刷在室内外的水泥墙上而得名，具有好涂刷、好遮盖等基本涂刷性能，可分成油性及水性漆，水性水泥漆又分成平光、半平光及亮光三种。油性水泥漆主要由耐候、耐碱性优越的亚克力树脂制成，所以具有良好的耐水性，而且对水泥面的附着力超强，几乎各种材质墙面都可以涂刷，但大部分用在房屋外墙。水性水泥漆则以水性亚克力树脂为主要原料，配合耐候颜料及添加剂调制而成，光泽度较高，室内外的水泥墙都可涂刷，但不建议涂刷在金属、瓷砖等表面光滑的材质上。

种类有哪些

分成水性与油性水泥漆。平光水性水泥漆涂刷在墙面上的效果具有雾面质感，看起来比较柔和，让人感觉较含蓄内敛，所以深受多数消费者的喜爱。半平光水性水泥漆涂刷的质感较清亮，表面光滑，也较容易擦拭。而亮光水性水泥漆粉刷后墙面看起来会相当亮，墙面凹痕等细节也看得较清楚。油性水泥漆分为调和漆、木漆、铁锈漆等，大多用于门、窗、桌、椅及木作表面。

图片提供＿得利涂料

挑选方式

在选购时最好认明符合国家标准的正字标记产品或是具有环保标章、绿建材标章的产品，比较有保障。想要柔和的室内空间但预算不高，又要考虑健康因素，不妨选择防霉抗菌、低VOC的绿建材水性水泥漆。

调节湿度的健康绿建材
03硅藻土

| 适合风格 | 各种风格均适用
| 适用空间 | 客厅、餐厅、厨房、卧室、书房、儿童房

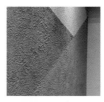

图片提供 _ 乐活硅藻土

材质特色

硅藻土，是由一种称为硅藻的单细胞植物性浮游生物所演变而来的。硅藻死后的遗体堆积在海里或湖里，其中的有机物质经过长时间分解，只残留无机物质，经开采后碾成粉末就变成硅藻土。硅藻土为多孔质，孔数大约是木炭的5000~6000倍，能够吸收大量的水分，因此具有调湿功能，可防止结露、反潮，抑制发霉现象。最大特性就是可针对甲醛、乙醛进行吸附与分解，可用于矫正现代建筑因各种内装物而造成的空气品质不良问题，让居家环境更健康。可适用全室内的墙面及天花板，但不可用于浴室，因为它遇水容易还原。

种类有哪些

硅藻土可分为一般涂料及含有硅藻土的饰面材料。一般涂料的功能性较强，并且可借由图纹、花样的施工方式，增加壁面魅力。另一种是含硅藻土的饰面材料，利用硅藻土可制成硅藻土瓷砖、调湿板等不同产品，提供更多用途，且施工时无毒、无味，装修完即可入住。

挑选方式

建议购买前认明有绿建材标章的产品，并且看清楚固化剂成分。另外，可以请商家提供硅藻土样板，以手指轻触，试验表面的坚固程度，如果有粉末沾附于手指上，表示产品的表面强度可能不够坚固，日后使用容易会有磨损等状况产生。

图片提供 _ 虫点子创意设计

以假拟真添趣味

04 艺术涂料

| 适合风格 | 各种风格均适用
| 适用空间 | 所有空间均适用

图片提供 _ Two Brushes 仿饰漆

材质特色

艺术涂料扭转了人们对涂料颜色的印象，不仅在色彩上多了仿木纹、仿石材的色调，还出现了立体的纹饰涂料，让居家空间更添趣味。特殊装饰的涂料属于可厚涂的涂料，成分各有不同，通常可通过不同涂刷工具呈现立体的砂纹、仿石纹、仿清水模等效果，甚至做出仿木纹、布纹或纸纹的仿饰漆效果。

仿石材效果的特殊涂料产品，多为天然石粉、石英砂，经高温窑烧（600～1800℃）而成，以专业的喷漆施工后可呈现仿花岗岩、仿大理石的漆面效果，色泽自然柔和，不会色变或褪色。不仅可用于户外壁面，也有很多人用于室内，营造特殊情境。

种类有哪些

有岗石、砂壁等仿天然石材的纹路图案，还有越来越多人喜爱的仿清水模系列，创造自然质朴的清新感。另外还有立体纹饰，可利用工具进行涂刷，呈现特殊刷纹，让墙面更富于变化性。

图片提供 _ Two Brushes 仿饰漆

挑选方式

值得注意的是，因为此类涂料无法就涂料本身判定好坏，最好找有信誉的厂商，亲自观察他们做出来的实景，比较有保障。良好的厂商会提供完善的售后服务，若漆面有小瑕疵可以立即修补。

放心在墙上涂鸦笔记

05特殊用途涂料

| 适合风格 | 各种风格均适用
| 适用空间 | 客厅、餐厅

图片提供 _ 珞石设计

材质特色

早期常见的黑板漆、白板漆多为油性，成分包含特殊树脂、耐磨性颜料、调薄剂等，由于油性涂料中含有甲苯，对人体有害，现今已有业者引进以水性为主的黑板漆和白板漆，成分具水性漆特性外，也拥有耐磨、可擦写等特性，重要的是还符合健康环保概念。而磁性漆目前也使用水性低气味树脂配方，不添加有机溶剂，没有刺鼻味，高科技磁感性原料经过特殊处理不会生锈，可让墙面保持历久不衰的磁性，即使长期重复吸附，效果依然不减退。而白板漆为半透明乳白色，干燥后成为透明的表面，因此不会遮蔽墙面的原有色彩。

种类有哪些

油漆除了可为空间上色，创造多彩缤纷的居家氛围外，目前也发展了不少具有特殊用途的涂料，例如可记事、书写的黑板漆和白板漆，或是可吸附磁铁的磁性漆，让墙面不只可作为装饰，也能具有多重使用功能。黑板漆除了常见的黑色、墨绿色之外，现今已突破色系上的限制，也能依所选颜色进行调色。

挑选方式

　　拿到漆料时，要注意罐身有无破损或裂开。尽量选择水性的漆料，无甲苯的成分，在使用上较为安全。在居家空间中，多数是使用在墙面或木材表面，例如柜面、门片等，但底材也有所限制，例如金属与玻璃较无法完全吃色，建议尽量少使用于这两种材质上。

图片提供 _ 珞石设计

居家室内装修新宠儿
06乐土

| 适合风格 | 工业风、现代风
| 适用空间 | 室内空间墙面、柜体装饰使用

图片提供 _ 成大昶闳
科技股份有限公司

材质特色

　　乐土以兼具防水与透气功能为名，逐渐在壁面装饰与防水材料市场打响名声，成为居家室内装修新宠儿。与大多数装饰涂料不同的是，乐土是由成功大学土木系"轻质与结构材料试验室"的专业研发团队历经多年研发出的"水库淤泥再生改质技术"专利环保防水材料。乐土能把木作、水泥板、硅酸钙板等各式板材所做出来的造型，轻松转化成水泥质感，但是乐土呈现灰泥天然原色，与各种材质的显色都不同，因此必须充分了解材质的特性与质感，先小量试做，确认颜色再来施作。乐土拥有高质感，非常适合用来打造仿清水模的墙面，或者质感原始的工业风水泥墙。

种类有哪些

　　乐土系列的产品颜色选择比较少，除了乐土灰泥以外，其他受欢迎的产品分别有硅酸质涂布型防水材、乐缮超薄抹面砂浆以及乐涂防水透气漆等。

图片提供 _ 南邑设计事务所

优缺点

由于乐土灰泥非常平滑好抹，只要会基本施作程序即可，非常适合房主自行在家 DIY。乐土具有防水、透气、防壁癌、黏着性好、施作厚度薄，可有效解决居家壁癌与漏水等优点。缺点是虽然防水透气比一般建材好，但还是有裂开的机会，且灰色原色在各底材显色不一、非均匀材质，人工手作易有手作痕迹与纹理。

Part2
经典立面

实践色彩的各种可能性
每天亲近艺术多一些！

空间面积｜170m² 主要建材｜油漆、烤漆、木皮、
铁件、瓷砖、壁纸、玻璃、地毯

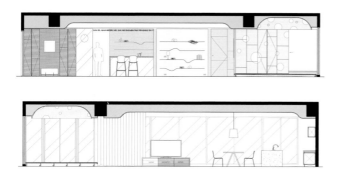

文 陈淑萍
空间设计暨图片提供 FUGE馥阁设计

↑ **色彩转换成为线性色块** 有别于一般居家空间的视觉经验，这里的线条以不同颜色、不同宽窄，在微微曲折的天花上像是流动状态，连接成一个深远律动领域。

◄ **互为衬托，让空间中各颜色说故事** 客厅与餐厨空间采用无隔墙的开放格局，曲折天花延伸的底端是餐桌区与料理中岛，橘色立面橱柜，在多彩天花布景之下，也不容易被忽略失色，反而能成为个性鲜明的视觉收敛端景。中岛靠餐桌处设计了抽屉，不用起身便能在座位上转身拿取餐具。

◄ **有形的风格设计和无形的贴心细节** 吧台区的收纳层架采用铁件光板材质，让房主收藏的酒瓶能有最佳色泽光影呈现。上方搭配特制霓虹灯文字："What is essential, is invisible to the eye."（真正重要的，是用眼睛看不见的），一如空间动线、生活功能的贴心安排，无形却无比重要。

➔ **彩色圆点，前后空间彼此对话呼吸** 多功能室位于客厅与和室之间，通过色彩元素作为公共空间过渡的转换与衔接。白色烤漆壁面上跃动着彩色圆点，圆点向上延伸至挑高弧拱穹顶，仿佛室内的小天井，可在这里悠闲地或阅读或谈天或发呆，享受片刻美好。

　　"我们每个人都是圆点，不能因时间的流转迁移、时代的推进，让自己的存在感完全消失，忘记自我的本质。"如草间弥生对于圆点的诠释，这个色彩缤纷的空间，有着本质强烈、独一无二的存在感，让人无法忽视。由橘、绿、紫、粉红四个颜色开始联想，房主与设计师经过四年的讨论火花，迸出一个充满色彩实验的居住空间，通过村上隆的画作收藏，以及Paul Smith、草间弥生具代表性的线条、圆点元素，于立面、天花甚至是家具等，传递浓厚艺术家气息，也让人看见色彩在空间实践的各种可能性。

　　建筑结构本身就是圆形，回字型动线使各区之间互相连贯。从浪漫的紫色卧室空间起床，进入洒满日光的粉红色卫浴，盥洗后走进紫色铺陈的更衣间，整装完毕在举步轻吸吐气之间，已身处宁静安定的绿色和式空间。而犹如宇宙间的动静分野，和室旁的多功能室，白色壁面上跃动着彩色圆点，向上直达挑高的拱形穹顶；色彩向外延伸，转换成为线性色块，有别于一般居家空间的视觉经验，这里的线条以不同颜色、不同宽窄，在微微曲折的天花上像是流动状态，连接成一个深远律动领域。另外，白色地砖以及白色塑料地毯（主卧＋圆点多功能室）与弧曲铁件书柜层板、发光的酒架展示台等，则是对比的轻盈与内敛安排，在丰富多彩的空间中，起了重量平衡与视觉稳定的作用。

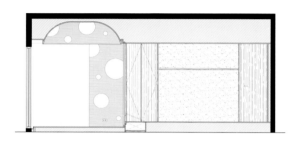

↑ **静心沉淀，和室带来安定力量** 回字型动线串连各区，带来一处一心境的时空转换错觉。打开圆点多功能空间拉门，是氛围宁静安定的和室。立面由木材、硅藻土与壁纸打造，关起门时可独立一方，杜绝外界干扰；打开门后则能感受旁边圆点空间的缤纷。

↓ **深浅粉红，妆点出清新活泼** 光线充沛的主卧卫浴，左侧以淡粉红的柔和清新唤醒一日之晨。浴缸后方背墙，则贴附色彩饱和的几何形色块瓷砖，搭配淋浴间的黄色玻璃，让沐浴时的心情带点奇幻与活泼的愉快感。

↘ **是独立更衣空间，也是过道路径** 暗门后的更衣空间，延续主卧的紫色浪漫，两侧皆有可自由穿梭的路径配置，让空间关系紧密串连。紫色柜体、白墙、镜面与灯光的配置，则有种柳暗花明的视觉想象。

↑ **浓淡轻重，色彩律动中的平衡** 淡淡粉色的客厅背墙，白色烤漆铁件打造轻盈无压的书柜层板。天花则是缤纷前卫却又不过度喧闹，线性与弧形曲折创造出视觉流动感。彩色天花于施工时需考虑线条边缘的完整性，注意避免造成叠色或白边，较单色的施工处理难度更高，特别邀请壁画经验丰富的法国艺术家 François Fléché 彩绘完成。

→ **紫色卧室，兼具个性与浪漫** 紫色的床头背墙，与房主收藏的当代画作和谐映衬。床尾侧同样以紫色打造落地柜体，结合开放层柜、小书桌，并有一道隐藏门，可通往主卧卫浴与更衣室空间。

TREND

涂料流行趋势

由局部点缀延伸至整体空间。过去对于空间颜色的诠释较为含蓄、狭隘，若有颜色的运用，也多半是小面积、局部的点缀。但随着设计不断改变、创新，目前涂料的运用趋势，已由局部、单一墙面延伸至整体色彩的计划思考，跳脱以往作为主墙点缀使用，转变为空间的基底色调，也会使空间的设计个性及风格更外显。

Part3
设计形式

改变空间氛围最简易又不伤"荷包"的方式，便是通过涂料的应用，除了施工快速外，搭配不同设计与工艺手法，能创造出千变万化的立面样貌。把握各种明度或彩度、对比或和谐色的组合，运用涂料在壁面绘出几何造型或天马行空的创意图案，或者以特殊涂料搭配涂刷工具、上漆技法，营造凹凸、立体的立面效果，壁面就如同画布般，让涂料颜色无声却有力地诠释空间情感，挥洒家的独特风格与多姿多彩。

造型&工法

一般常见的涂料包括乳胶漆、水泥漆等，有别于过去单一底色的做法，目前涂料的美学应用有了卓越突破，搭配整体居家的色彩，将立面主墙颜色延伸至其他空间，甚至通过画作、灯光、软装、家具的布局呼应，即便色彩单纯也能有突出表现。涂料花样变化上，除了单底色基调之外，运用几何或图案彩绘形式上漆，能创造出鲜明的立面焦点，带来让人眼前一亮的视觉感受。搭配适当的上漆工具与工法，能为居家打造层次丰富、装饰效果十足的独特立面。

图片提供 _ FUGE馥阁设计

涂料工法
01 涂刷工具与技法（滚轮、干刷、拍打、镘抹等）

传统涂料、特殊涂料的形式表现变化极大，除了面料材质本身质感的差异（如平滑或颗粒、液体或泥状膏状、含石材或含铁锈成分等），若再通过适宜的上漆工具（如喷枪、镘刀、抹刀、刮刀、海绵、印花滚轮、造型印刷片及特殊扒梳工具等），搭配变化多元的上漆技术（包括喷涂、平涂、堆叠、干刷、拍打、扒梳、镘抹，也能结合上述技法综合出不同效果），不论是纹路图样、肌理、波浪、浮雕、仿旧、滚布的效果，皆能呈现独特手感与艺术美感，使涂料成为表现力极强的空间素材。

图片提供 _ 怀特室内设计

图片提供 _ 怀特室内设计

施工 Tips

1. **注意立面平整度。**若立面希望呈现细致平滑效果，上漆前须先整平墙面，批土、打磨后，上完底漆，再上 1 ~ 2 层面漆。
2. **选择合适的涂刷工具。**若为特殊漆料或艺术涂料，选择合适的涂刷工具，能创造不同纹理的立体效果，施工前则须确认工具是否干净无污、无掉毛毁损。
3. **建议由高至低涂刷。**涂刷顺序由高至低，若有接缝处或窗框，也建议先处理后再刷墙体。

涂料工法
02 喷漆

　　若要在单一底色基调下做出不同美感变化，可通过设备的应用带来特殊效果。譬如大范围的立面空间，或是转角、弧面圆柱等，可采用高压喷漆枪工具辅助，以喷涂方式上漆，能创造出均匀细腻、浑然一体的涂装效果，也不易产生上漆死角。单色浓淡的渐层变化，或是双色或多色搭配，使空间更具层次、氛围柔和清新。

　　喷漆来回涂布次数、停留时间以及施作的稳定度，控制着颜色的厚薄、深浅，也是艺术匠师的专业技术和美感表现。范例图中，沙发背墙的灰蓝色渐层喷漆，使挑高空间尺度保留延伸感又不致显得冷清，旁边搭配一幅相同的渐层喷漆画作，实景与图画，似景又似画，带来富于趣味的空间对应。

Methods

施工 Tips

1. **喷漆前先上底漆。**喷漆涂布之前，墙壁仍需先上底漆，才能使成色更好。
2. **注意手部稳定与喷涂次数。**执行时须注意手部稳定度以及来回喷涂的次数，使渐层变化看起来更自然。
3. **不要过度喷涂。**避免过度喷涂造成垂流现象。

图片提供_FUGE馥阁设计   图片提供_FUGE馥阁设计

涂料工法
03 几何切割色块

　　涂料以几何切割色块或图案形式，与空间融合为一的构图装饰，使立面有着天马行空的无限创意，既能俏皮可爱，又能现代时尚。运用色彩心理学，让人在空间中拥有不同的情绪感受，如对比强烈、活泼跳色的多角构图，能营造缤纷活泼的视觉效果，淡雅柔和、温暖和谐的圆弧构图，则能带来沉稳平静的感受。

　　此外，几何图案还能分割立面视线，改变空间的视觉感。譬如水平条纹让视觉横向延伸，使空间看起来更为宽敞；垂直条纹则能让视线往上伸展，空间仿佛变得更加高挑。

施工 Tips

1. **先打草稿**。图案在施作之前，可用浅色笔于立面上先打草稿，不会有画错的疑虑。
2. **使用遮蔽胶带避免沾染**。为避免不小心沾染到其他地方，可事先用遮蔽胶带，将不需涂布的地方贴起来，以方便施作。
3. **去除墙面油渍**。若墙面上发现有油渍，最好刮除打掉一层水泥层，以防日后凸起。

图片提供 _ 寓子设计　　　　　　　图片提供 _ 合砌设计

涂料工法
04 结合灯光与画作

对于喜爱艺术、收藏画作的人而言，若能让家的立面成为画作展演舞台，空间便多了一份艺廊情境想象。不论是画作或雕塑收藏，该如何挑选墙壁漆料色彩？可运用"对比衬托"或"和谐延伸"的配色概念。

背景衬托，是通过单纯的涂料为底，以差异色阶或冷色调对比凸显画作，没有多余装饰的简练，让漆色成为烘托画作的最佳背景；和谐延伸，是选择与画作相同色系，使墙面色彩成为画作的延伸，整体和谐一致，相得益彰。

另一种为立面美感加分的技巧，则是通过灯光的配置，尤其表面凹凸或富含颗粒肌理的特殊涂料，运用光源的照射辉映，能让壁面突破平面尺度，展演出更立体的层次美感。

Methods

施工 Tips

1. **正确选择灯光与画作。** 光线与漆色背景能为画作加分，漆色的挑选不论是对比色或和谐色，皆能为画作与空间带来完全不同的效果呈现。

2. **先预留灯座。** 投射灯或间接灯，营造出的洗墙光效果，可让墙面涂料的凹凸或颗粒纹理清晰凸显，不同纹理适合的灯光角度各异，在施工时先预留灯座，涂料完成后再微调光源角度。

图片提供 _ 璞沃空间　　　　　　　　　图片提供 _ FUGE馥阁设计

涂料工法
05 仿饰漆的运用

　　仿饰漆如字义得知，是一种仿造其他建材质感的涂料，包括仿木纹、仿石材纹、仿布纹、仿清水模、仿金属、仿皮革等，高度的拟真效果与装饰性，加上相对平易近人的价格（部分仿饰漆较原材质价格可亲，但并非全部），让现在仿饰漆的应用越来越广泛。

　　譬如近年风行的日式简约风格、工业风、Loft 风空间中常见的清水模立面及水泥粉光立面，也可通过仿饰漆完成。由于传统清水模的施工难度高、灌浆失败率大，因此仿清水模的仿饰漆带来了经济实惠的绝佳替代方案，只需搭配仿饰漆施工技法，便能打造出不论视觉或触感皆几可乱真的清水模立面，而且材质透气、防水、防裂，日后维护清洁上也更为简便。

图片提供 _ FUGE馥阁设计

图片提供 _ 寓子设计

Methods

施工 Tips

1. **注意壁面平整、干燥度。**仿清水模工法在施工之前，须先将墙面整平并确认完全干燥；底漆、保护漆的间隔时间须确实遵守。

2. **事先规划做记号。**立面的分模线及孔洞位置可事先规划做记号。涂上清水模仿饰漆，做出溢浆感的块面分模线，再压印圆形孔洞。

3. **修饰表面。**完成后表面可再做一些水泥质感的压花处理，调整修饰涂料颜色，让真实感更为提升。

混材

涂料因其液膏状、泥质特性，可塑性极高，易与其他素材结合，不论是砖材、金属、木材等，通过得宜的混材设计，均能赋予空间更多元的风格样貌。砖材与涂料的混搭，能创造出特有的自然风格与手感质地；金属与涂料的结合，可轻盈、可浓重、可现代冷冽、可粗犷个性，变化极高；木材与涂料的搭配，不但能改变空间色彩，烤漆还能创造光洁、易擦拭维护的居家环境。聪明使用，便能让涂料为空间设计加分，即便是局部运用也具画龙点睛效果！

涂料混搭
01 涂料 × 砖材

砖材与涂料混搭，在居家空间中较常见的有砖墙、文化石的上漆处理。砖与涂料在结合时，须注意部分砖材表面较为平滑，涂料不易附着上漆，可选择合适砖材，或是先打毛处理，以便于涂料施作。

空间案例中，卧室床头隔间以红砖砌墙，并将表层打凿成仿拆除、不规则的斑驳手感，涂布上白漆，能中和颓废萧瑟感，使之具有个性又不过度张扬，保有卧室空间的沉静氛围。右侧靠窗墙体，则结合木质喷漆板材打造，让木质书桌与白墙壁面平滑无缝、稳定接合。砌砖白漆墙、木质板材喷漆墙，空间左右并存了凹凸与平滑、粗犷与细致，两种不同界面对比，在日光斜映下，营造出不同时光转移的过渡之感。

Methods

施工 Tips

1. **待砖墙内的水泥全干才能上漆。**刚砌好的砖墙内含水分，须待砖墙内部的水泥全干（干燥时间视天气而定），才能上漆，避免未来漆面起泡、脱落。

2. **上漆前先打毛表面。**若砖面太平滑，涂料不易附着，上漆前可先打毛表面。

3. **上漆时必须留意角度。**砌砖缝隙在涂刷时易遇到洞缝或卡角，上漆时应留意角度，避免涂料不均或垂流。

图片提供_路里设计

涂料混搭
02 涂料 × 金属

室内建材中常用的金属，包括生铁、黑铁与不锈钢。金属特有的冷冽质地，可任意切割、弯曲，是可塑性极高的素材，在居家应用上，既能散发粗犷个性的工业风，也能妆点出时尚精致的现代感。金属与涂料的混搭，可通过涂料铺陈立面背景作为基底，搭配金属元件局部点缀；此外，在亮面金属原色之外，还可将金属上漆涂装，借由涂料使金属表材呈现更多不同表情风貌，如金属管件的上漆消光处理，或金属薄片运用各色喷漆制成轻盈的收纳层板等。

空间案例中，铁件圆管喷涂白漆，上下端搭配铜金色金属套管作为装饰与收边，圆管线条纤细简洁，使整体层柜看起来如优雅行板、轻巧无压；第二个空间案例中，墙体嵌入白色喷漆铁件薄板，并以弧线造型切割，展示造型书架线条流畅，如行云流水一般。

Methods

施工 Tips

1. **用涂料削弱金属的冰冷感。**金属搭配涂料，不但能有更多质感色彩的变化，也能削弱金属的冰冷感。

2. **选择合适涂料。**选择能与金属密着的合适涂料，须先上底漆，干燥后研磨整平，再上面漆。

3. **金属涂装须仔细完整。**金属建材除了不锈钢之外，生铁与黑铁通过表面涂装可加强防锈效果，故涂装须完整仔细、面面俱到。

图片提供 _ FUGE馥阁设计　　　　图片提供 _ 森境+王俊宏室内设计

涂料混搭
03 涂料 × 木材

　　木材与涂料的混搭，在居家空间的应用相当广泛常见，包括柜体、隔墙、门片设计中，都能发现这两种素材的完美结合。施工之前，涂料该如何选择？可从是否为"接触面"，以及是否要"保留木纹"两个方面来谈。

　　首先，若立面为经常接触的地方，如无把手的隐藏门片或收纳木柜等，可考虑以烤漆方式处理木材，会较一般乳胶漆更容易擦拭清洁，如空间案例中的橘红色烤漆格柜；另外，若要保留木材的自然纹理，则应选择不会覆盖木纹的特殊涂料，如木工艺漆料或旧庄园涂料等，既能显色又不会将木纹完全覆盖，如空间案例中，在蓝、绿、黄色涂料之下，还能清楚看到栓木木纹，空间洋溢活泼自然的乡村风气息。

图片提供 _ FUGE馥阁设计

图片提供 _ FUGE馥阁设计

Methods

施工 Tips

1. **密底板较胶合板适合当烤漆底材。** 烤漆的底材选择，一般而言密底板较胶合板适合，前者较不易因空气湿度使底材变质透色，表面也不易起木丝，适合整平处理。

2. **重复多道工序，才能使漆面完美。** 烤漆之前须先批土、打磨并重复多次工序，喷涂烤漆面料也须重复多道，才能使漆面成色完美。

3. **木材与涂料的选择很重要。** 木材与涂料的结合，若要保留木纹肌理，须事前选择显色又能透质的特殊涂料，木材也须挑选纹路清楚的木皮种类，如栓木或橡木等，才能有最佳效果呈现。

5

营造自然质朴的元素

水泥

Part1
认识水泥

图片提供 _ 极简室内设计

水泥，可说是当今重要的建筑材料之一，主要由添加物（胶凝材料）、骨料（砂石）及水所组成，是一种具有胶结性的物质，调整成分比例及添加物调整其特性后，可用于各类环境的建筑，依照胶结性质的不同，区分为水硬性水泥与非水硬性水泥。

原本是建筑材料的水泥，渐渐从结构功能走进居家空间，不再覆盖装饰面材质，而是直接以完成面的方式展现空间风格，看似单调的表面通过各种板模展现多种表面纹理。在繁忙的现代生活中，水泥传达空间质朴感的特性，且容易与其他天然材质混搭，成为不少人青睐的装修选择。目前运用水泥为立面设计有两种形式：

☑ 清水模	清水模是以混凝土灌浆浇置而成，表面不再作任何粉饰，呈现水泥的质感。其一体成型的美感，可以节省立面饰材。虽然造价不菲，但清水模散发出混凝土自然的原始色泽质感，质朴稳重的氛围广受大众喜爱。
☑ 后制清水模	近几年来，因为安藤忠雄带动清水模建筑兴起，水泥开始从配角转变为主角。但由于清水模工法的失败率较高，且造价昂贵，因此研发出"SA后制清水工法"，此工法以混凝土混合其他添加物制成，可用来处理清水模建筑的基面不平整、蜂窝、麻面等缺点。造价相对比清水模便宜，成为清水模的最佳替代建材。

现代风的指标建材

01清水模

| 适合风格 | 极简、现代风
| 适用空间 | 各种空间均适用

图片提供 _ 品桢空间
设计

材质特色

　　所谓的"清水"是指混凝土灌浆浇置完成将模板拆卸后，表面不再作任何粉饰装修处理（仅涂布防护剂），而使混凝土表面通过模板本身呈现出质感的工法，因此，清水、模施作后的完成墙面，呈现表面光滑且分割一致的"细致质感"；模板若是木纹模，墙面就能刻印出木头纹路的质感。

种类有哪些

　　清水混凝土专用胶合板有菲林板（芬兰板）、日本黄板与木纹清水模板。菲林板又称为黑板，表面为黑色热熔胶，差别为规格尺寸不同，完成面效果平整，光亮度接近雾面。日本黄板又称为优力胶板，防水、抗热与抗酸性良好，完成面较为光亮。木纹清水模板多使用杉木与松木制作，可依照需求加工木料，使其具有深浅纹路，呈现出不同立体感。

挑选方式　　　　　　　　请挑选专用胶合板，并非可用于板模的板材就是清水模板，除前述三类之外，也有不少以涂装防水胶合板、美耐板取代的做法，其差别在于仅能使用一次或两次即报废。另外，挑选专业有品质的厂商，会比较有保障。

图片提供 _ 品桢空间设计

保证成功的清水模
02后制清水模

图片提供 _ 极简室内
设计

| 适合风格 | 工业风、Loft 风、日式禅风、现代简约
| 适用空间 | 立面、天花

材质特色

日本菊水化工开发出"SA后制清水工法",是以混凝土混合其他添加物制成,除了用于修补清水模的基面不平整、严重漏浆、蜂窝、麻面、歪斜等缺点,还可用在室内装修立面及天花。不仅可在施作前打样供顾客确认色泽、花纹,还适用于任何底材,厚度也只有0.3mm,不会造成建筑结构的负担,厂商还可依喜好于表面打孔、画出木纹样式、沟缝等效果,施作后的效果与灌注清水模极为类似,是喜好此风格但担心失败或预算较低时的另一选择。

种类有哪些

"SA后制清水工法"施作于室内或居家环境时,由师傅以手工工具制作,可依其呈现的外观区分不同类别。第一种为自然沟缝形式,仿照灌注清水模做出木板拼接造成的沟缝,可分为自然沟纹、深沟纹、溢浆沟纹等样式。第二种为一般模形式,仿照类似灌注清水模具制作出的样式,可大致分为木纹模(类似芬兰板形式)、金属模等样式。

图片提供_极简室内设计

挑选方式　　　　　　　由日本传入台湾的"SA后制清水工法"，多数会给予台湾代理商施工授权书，再由该代理商训练当地工班执行，因此在找厂商时，可要求其出示日方授权书。为确保找到的厂商有能力施工，可检查厂商过去作品，在确认样式后先打样再执行，确保完成面不会差异过大。

Part2
经典立面

水泥凝结大海人生
穿越地平线的天与光

空间面积｜70m^2 主要建材｜清水混凝土、
水泥粉光、玻璃、石材

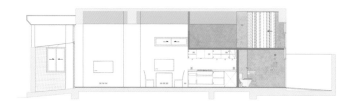

文 陈婷芳
空间设计暨图片提供 本晴设计 MINA 连浩延

↑ **注入想象的水泥轻飘飘** 以水泥建材为设计基础之下，整个水泥空间焦点分别落在长形墙面与厨房上方的水泥盒子两个量体上，航海记忆与悬浮情境带来的轻盈神态，使水泥抛开本身材质束缚，不再沉重。

← **回首航海一生历程** 并非以水泥表现泼墨为目的,而是意在表达房主一生航海的人生历程。浇灌时,通过水泥流动缓慢凝结的细节,其实是凝结了一个动态的海洋,一次次穿越地平线的凝结。

↓ **水泥浇灌海天地平线** 通过层叠的水泥浇灌,约2cm灌一层,且在每层交接处放入珊瑚砂作为界定,每一次的水泥浇灌就是一条水平的线,随着高度的累积,形塑远方隐约的天际线,海洋、天空、云雾模糊不明,仿如海天一色。

　　当一个人的大半生都在航海,放眼所及都是海,全是天,目光的尽头皆是一条条地平线,他的人生就是无数条地平线所勾勒出来的旅程。设计师通过水泥凝结了房主一生的海洋时光,成就了这个家的核心故事。

　　本案例是位于公寓大楼的一楼住家,受制于先天空间条件,一部分空间为整栋公寓的停车使用,形成长条形的建筑格局,顺势发展出了特殊的设计构想。进门之后,来到客厅、厨房、浴室,然后在转角配置主卧,一方面为了维持主视觉墙面的完整性,另一方面特别利用楼高的空间条件,在厨房上方创造一间次卧,犹如一个悬浮的水泥盒子,浮在厨房上面。

　　此外,在主卧上方利用大面的窗光设计了一席阅读空间,停车的水泥墙上方则规划成小夹层,可供储物收纳用途与孙子回家时的游戏场所。为了退休后的房主而设计的长青宅,动线及走道宽度皆施以无障碍空间设施设计。

　　水泥是本案最大的重点,以一面穿越海洋为意象的水泥墙,与一个悬浮的水泥盒子创造的量体,在水泥本是重的材质特性之下,整体水泥空间却能显得轻盈而温暖。水泥的语汇美在隐约,含蓄的空间带来幽微的质韵,纯粹而极简,随光影自然生成变化,水泥的素雅光泽透露着淡泊沉静的日常,仿佛凝视脸上的肌理,经过时光的淘洗而越显耐看。

↑ **独立爬梯通往水泥盒子** 对小面积长青宅考虑实际生活面，厨房上方的次卧是房主预留给儿子回家住的房间，因此为水泥盒子搭配一个单独的爬梯，家人作息不互扰。

↙ **水泥结合穿透性材质** 次卧房间辅以玻璃为立面，才不会过于封闭，且通过穿透性的材质设计，与客厅形成视觉上的互动，保留次卧的安静，既独立，又可与大空间合而为一。

↘ **水泥与光的温暖对话** 水泥本身是灰的，介于纯然的黑与纯然的白之间的一些模糊，在不同的光线之下，水泥会产生不同的晕染、多样貌的灰阶，散发出一种无以名状的温暖氛围，无论用冷暖色调去布置家，与水泥搭配起来都不违和。

↖ 水泥主墙延续楼梯律动 主视觉水泥墙在楼梯转角继续延展过去，从转折角度看过去，像是一个律动感的量体，而不仅仅只是单纯的墙面表述。由于楼梯转角是迎光面，光影变化丰富，水泥表现的感受也更多层次。

↗ 从格局衍生虚实空间 由于整栋公寓的停车限制了空间格局，于是利用屋高与开窗面的两个条件，在主卧之上营造一个阅读空间，水泥楼梯也连接了停车上方的小夹层。

水泥流行趋势

水泥开始从幕后走到台前。其实水泥是所有材料中最敏感的，水泥讲究的是工法，无论水泥粉光、混凝土浇灌，工法越趋于成熟，水泥表情也会越来越丰富，也就是说水泥的趋势其实攸关于技术的纯熟与否，而非与风格有关。水泥从被当成打底的材料，提升为视觉上的立面设计，代表水泥从幕后走到台前了。

Part3
设计形式

　　台湾水泥工业已有将近90年的发展历史，由于水泥过去都以未经修饰的粗糙表面呈现，在装修设计上，传统多以石材、石英砖或木材质呈现，使混凝材大多隐藏在表面材质后，作为基础的架构或重新粉刷、铺设砖石之用，但随着安藤忠雄带动清水模建筑的兴起，水泥材质反而从配角跃升为主角，它的原始、纯朴质感成为表现现代风格的空间元素。

造型&工法

　　水泥原始的质感与颜色，最能展现随兴的生活态度，因此越来越多人倾向不多做修饰，让水泥原色直接裸露于居家空间。以单一材料呈现最原始的模样，没有装饰，开模即完工的特殊性，让清水模日渐受到大家的喜爱，可塑性极高的混凝土，灌浆烧制后再拆掉模板是常见的施工手法，通过不同的模板，可展现多变的造型与表面质感，为住宅风格带来不可预期的惊喜感，但成形过程中仍有失败风险，需要特别注意。

图片提供＿极简室内设计

水泥工法
01 清水模工法

未加修饰的水泥散发出自然纯朴质感、粗犷味道，在广阔的空间里，尤能显现其原始风味，可营造出现代风、工业风或日式禅风。清水模在生产与制造过程中不会经过二次施工，因而能表现出材质的原味，展现自然风格，灰色细腻表面，对光线阴影的感应力极高。

打造清水模立面必须靠整个团队（设计与施工）规划设计、掌握施工精准度，将简单的清水混凝土与力学结构相结合，做出一件典雅、刚柔并济的作品。管理是清水模工法最重要的成败关键，主导本项工程者应具备足够的清水模理念、经验和认知，才能有效统合整个团队运作，确保施工品质。因此，清水混凝土建筑在规划设计时，设计者与施工者必须充分沟通，讨论出既美观又易施工的设计方式，若仅重视设计感而无视于施工性，较容易导致施工缺陷。

图片提供 _ 本晴设计

施工 Tips

1. **须做好前期规划。**从墙里墙外到地面天花，所有设备与开关尺寸，都要在前期规划整合，并且裁量模板尺寸与组模方式，才能达到超高精准度。

2. **下雨天不能灌浆，且须注意不能中断。**灌浆不能中断，以免留下冷缝，而下雨天也不能实施灌浆。

3. **混凝土砂浆与强度控制。**模板不应以传统铁线固定，应采用适当的清水模板系结件，并加强模板支撑稳固性及水密性，单次灌浆范围也要计算，以免负荷不了，产生沉板、变形、扭转或严重漏浆。

水泥工法
02 后制清水工法

最正统的清水模工法，一定要用钢板当模板，但台湾有许多清水模制造商通常是用木心板合板下去灌注清水模，导致孔隙多且表面不平整、自然，甚至有爆浆、崩模现象，而出现第一种修饰工法，是为了修饰清水模上的瑕疵、不平整之处，再做轻薄的一层修饰。

第二种是后制清水工法，就是利用批土加上含有树脂的仿清水模涂料，将本来不是清水模的墙面变得像是清水模一般。后制清水工法与市面常见清水模涂料的最大差异在于，后制清水工法是采用色砂溶于专用调和剂之中，以渗透式的施作方式创作出如同清水混凝土的透亮层次质感，而且可以做出水泥粉光、平滑面钻孔、木纹等多样变化，完工后的室内清水模墙面本身就有隔水特性，不需要特别保养，能够直接用湿毛巾蘸湿擦拭，相当便利，也可以维持超过15年的时间。

图片提供 _ 铃鹿涂料

图片提供 _ 铃鹿涂料

Methods

施工 Tips

1. **评估立面底材可否施作后制清水模工法。**后制清水模无施作底材的限制，但在施工前仍要请厂商现场评估，以确认是否有任何风险，以及是否因需要修补底面而可能衍生的任何费用。
2. **工程最后再施作后制清水工法。**因后制清水工法施作面薄且质地脆，须避免碰撞产生龟裂或损伤，因此，以室内装修时段来说，尽量在最终清洁前进场施作。

图片提供 _ 极简室内设计

混材

现代人渐渐能接受不过度装修的居家设计，纯粹展现材质本身样貌，而不刻意修饰的方式，使得一些可以作为结构及完成面的材质如水泥、金属、板材等，被重新思考在基础建材的使用价值。若就水泥表现特性来说，运用在居家空间之中过于冷静理性，加上水泥施工上有一定的难度，对于细节表现的灵活要求常不尽理想，因此与自然温暖的木材搭配，正好缓和水泥的冰冷调性，并可弥补水泥缺点。以下将介绍水泥与木材、水泥与板材、水泥与金属这三种异材质的混搭应用。

水泥混搭
01 水泥 × 木材

木材和水泥基本上是构成空间的结构材料，却有着截然不同的特质，来自于树林的木材质地温和、纹理丰富，给人温暖放松的感觉；自石灰岩开采制成的水泥成形后质感冰冷，传递永恒宁静的氛围，这两种素材皆取自于自然，虽然特质不同却同样散发着纯朴无华的质地。灰色的水泥若表面没有施作任何装饰材，呈现一种未完工的样貌，早期并非一般居家能接受，受近年工业风、Loft风等讲求朴实、不刻意修饰的空间风格潮流影响，水泥原始质朴的色泽反而广受喜爱。

一般来说，水泥因施作工法需要架设板模灌浆塑形，适合大面积或块体使用，因此大多运用在墙面、地面及台面，而木材施作较容易，变化也较灵活，大多以柜体、门板及家具的形式与水泥搭配，调和出单纯朴实的现代空间感。

Methods

施工 Tips

1. **水泥施作讲求精准度。**水泥为空间结构或台面时需要经过制作板模、灌浆浇制然后拆模等成形动作，由于水泥隐藏不可控制变数，制作家具或台面必须讲求设计及施工的精准度。

2. **先施作水泥，后施作木作。**了解木材和水泥特性后，即可明白这两种素材搭配施工的先后顺序，由于水泥施作难度高，修改调整灵活度低，大致上来说应先施作水泥，然后才是木作。

图片提供 _ 六相设计

水泥混搭
02 水泥 × 板材

水泥为目前建筑的主要材料之一，板材则除了作为隔间、天花板材外，主要功能是作为装饰材用途。原本属于基础建材与空间配角的这两种建材，近几年在追求不多做修饰的设计潮流影响下，渐渐摆脱过去印象，被大量混用于居家空间。相对于水泥的简单、质朴，板材因构成的材质不同而有较多选择，常见与水泥做搭配的有钻泥板、OSB板、胶合板等，其中碎木料压制而成的OSB板及含有木丝纤维的钻泥板，二者表面粗犷的肌理正好与水泥的不加修饰调性一致，彼此互相搭配能强调空间的鲜明个性，同时又能软化水泥的冰冷，为居家增添温度。

至于利用胶合方式将木片堆叠压制而成的胶合板，经常不再多加修饰展现木材天然纹理，与水泥一样追求返璞归真的原始感，而且二者皆可作为结构体同时也可是完成面，互相搭配不只能展现材料本身的质朴感，更是简约风格的新诠释。

施工 Tips

1. **选用适合的收边处理。**板材收边较常出现在制作柜体，一般会采用收边条做收边处理，大多选用贴木皮收边条，但如果喜爱天然质感则可选择实木收边条，当以板材做成隔间墙而地面为水泥时，则在二者交接处以硅胶做收边处理即可。

2. **先将木材制成基础板材再运送。**目前为了让施工及运送方便，木材大部分都先制成一定规格尺寸的基础板材，然后再进行后续的加工部分，除了实木是将树木直接锯切成木板或木条加以运用，其他板材大多都需要制作成形再贴皮使用。

图片提供 _ 六相设计

水泥混搭
03 水泥 × 金属

水泥自然不造作的纹路、质地与混搭性极高的特质，为空间带来舒适人文气息。在设计手法上，除了作为清水模墙面，带来自然质感空间，生活中也常见以钢构为主要结构，再以光滑模板灌浆而成，例如以钢构技巧，打造出悬臂楼梯，呈现视觉轻盈感。

水泥与铁件的结合，是营造个性独特、潮流感的绝佳搭配，例如运用锈感表面处理的铁件包覆水泥墙柱，或是自由混搭在宽阔空间中，都能创造穿透与层次错落的空间表情。具有丰厚度的水泥墙，中间嵌入薄型铁件，可形成材料多种变化可能，而这也是木质无法完成的任务，希望创造更多想象的居家风格，可通过运用一些颜色鲜明、质感特殊，或是带有怀旧味道的家具、家饰做搭配，即能营造出独一无二的居家氛围。

图片提供 _ 本晴设计

Methods

施工 Tips

1. **水泥施工时须平整表面。**台湾人习惯用收边条或是装饰材收边，不过，若是以水泥搭配的工业风，多数保留水泥的直角和原始感，而且水泥容易受潮，故通常会凹凸不平，施工时须做表面的平整。

2. **注意立面的承重力。**当水泥与铁件或金属面做结合时，要注意是否足够承受其重力，施工时，要避免灌注水泥后产生衔接面裂缝，故收边时也要特别注意。

Part4
替代材质

　　自从日本建筑大师安藤忠雄的清水模工法席卷全球后，清水模就此进入居家设计当中。不过，喜爱清水模造型的业主在与设计师讨论立面设计时，听到清水模的报价后，往往会选择其他替代材质。目前除了后制清水工法之外，还有色彩均匀稳定的仿清水模砖、快速更换的仿清水模壁纸、拟真效果佳的仿清水模涂料、纹路细致美观的仿清水模墙板以及水泥板，都是仿清水模的替代材质。

01 仿清水模砖

　　仿清水模砖能仿照清水混凝土般的素净面感，内敛雾面的灰色系，带给人舒适且安全的空间，平凡中带有细微的纹路变化，赋予生活不同层次的美感。仿清水模砖的特色为使用水泥素雅、纯净、极简的设计，减去过多的装饰与色彩，能够表现建材最真实的美丽。

图片提供 _ 汉桦瓷砖

　　市面上有些仿清水模砖是数位喷墨瓷砖，利用无接触、无印版的列印技术烧制而成的瓷砖，是以超高像素拍摄清水模照片，百分之百拟真还原，不论是质感还是色泽，和实际的清水模墙面相差无几。此外，仿清水模砖具备色彩均匀稳定、施工技术风险低、现场没有粉尘问题等优点，成为简单便利的清水模替代材。

仿清水模砖的特色为使用水泥素雅、纯净、极简的设计，减去过多的装饰与色彩，能够表现建材最真实的美丽。

图片提供 _ 品桢空间设计

仿清水模砖具备色彩均匀稳定、施工技术风险低、现场没有粉尘问题等优点。

02 仿清水模壁纸

　　壁纸多变的样式与造型，已渐渐成为许多设计师爱用的立面建材之一。前面陆续介绍了仿石材壁纸、仿砖纹壁纸等，这一篇则要介绍仿清水模壁纸。无论是清水模工法，还是后制清水模工法，造价都不便宜，如果业主想要快速让壁面具备水泥质感，又不希望让"荷包"大失血，仿清水模壁纸肯定是首选。目前已有建材厂商生产类清水模墙面的壁纸，质感也不输给清水模的表现。不过，仿清水模壁纸无法像清水模墙的使用年限那么长，可能会因为潮湿而扭曲变形，要特别注意。

图片提供 _ 欧德家具

如果业主想要快速让壁面具备水泥质感，仿清水模壁纸肯定是首选。

图片提供 _ 欧德家具

03 仿清水模涂料

由于清水模工法受到大众的喜爱，除了后制清水模工法外，还有各式特殊涂料、艺术涂料可选择，有些可创造出仿清水模的拟真效果，只要搭配适当的上漆工具与工法，还能打造出清水模的质感与氛围，借由工具、工法的不同让墙面纹理有更多的变化。不过这与单纯使用仿饰漆涂料有很大的不同，因为仿饰漆涂料仅涂料本身产生颜色变化，如无人工增加变化性，效果较为有限。仿清水模涂料不但成本较低，且施工比真正的清水模工法简单。

图片提供 _ 铃鹿涂料

仿清水模涂料能呈现简约北欧风、工业风，且施工简单，可自行 DIY。

图片提供 _ 铃鹿涂料

04 仿清水模墙板

　　市面上的仿清水模墙板越来越多，各种材质应有尽有。这一篇要介绍的第一种清水模平板的外观色泽柔和，深具清水模极简风格，表面细砂纹路细致美观，容易创造出优美的简约工业风。目前有两款尺寸，一款是915mm×1830mm×6mm，另一款是1220mm×2440mm×6mm。

　　另一种是采用全新一代的技术，以聚合天然氧化石材、强化玻璃纤维及聚酯树脂纤维，使板材能以极薄轻量化的方式铸形生产出仿清水模的样貌，外形可以说是几可乱真，目前尺寸只有1300mm×2850mm。

图片提供 _ 永逢企业

以极薄轻量化的方式铸形生产出仿清水模的样貌，外形可以说是几可乱真。

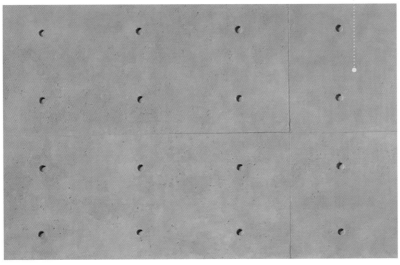

图片提供 _ 永逢企业

05 水泥板

以下将介绍木丝水泥板，它结合水泥与木材的双重优点，有木材般质轻有弹性，同时又有水泥般坚固，能施作在各楼层立面，展现挂钉强度。此外，拥有清水模平整、光滑、细致的特性，为现代化高品质，经济实惠的建材。特殊表面纹理凸显出独特品位与质感。

表面光滑，施工方便，热导率比大多数水泥板低，挂钉强度高，安全性佳。完成后无须额外加工即可直接上漆，无毒，粉尘少，切割污染少。

图片提供 _ 永逢企业

不需要花大钱，使用水泥板就能拥有清水模般的视觉效果。

图片提供 _ 顽渼空间设计

6 | 温暖兼具疗愈效果
木材

Part1
认识木材

图片提供 _ 诺禾空间设计

木材有吸收与释放水汽的特性，具有维持室内温度与湿度的功能，其温润的质地、香味，不论是用于地板、立面抑或是家具，往往都能将人从整日的紧张感中释放出来，进而打造出健康舒适的居家空间。

木质温润、有机的质感，加上纹路颜色的不同，搭配各种风格而呈现出多元面貌，让它成为可塑性极高又能展现风格的材料。不过，市面上的原木木材越来越稀少，价格年年高涨，设计师们开始寻求加工快速、降低成本的替代木料，因此陆续出现集层材与二手木等替代选择。可用于立面设计的木材有：

☑ 实木	实木以整块原木裁切，最能完整呈现木质质感，台湾居家装修中，实木常以整块原始素材运用在电视墙、客厅与卧室墙面、柜体门板、天花板等，还能通过加工处理打造不同的木质效果，或是染色、刷白、炭烤、仿旧等处理。
☑ 集层材	集层材可以说是使用木材的必然趋势，甚至可以说是百年来无法被取代的木料之一，经过各类木种压缩加工，变成另一副崭新的面貌；除了原木之外，人们也开始寻找替代建材，能够取代日渐耗竭的森林资源。
☑ 二手木	基于永续环保的观念，利用价格便宜的二手木，回收再造使木料美丽变身，让木材的生命能延续不绝。

营造散发自然木香的空间
01实木

图片提供 _ 山林希家具

| 适合风格 | 古典风、现代风、乡村风
| 适用空间 | 客厅、餐厅、书房、卧室

材质特色

实木是指以整块原木所裁切而成的素材，天然的树木纹理不但能让空间看起来温馨，更能散发原木天然香气，而木材经过长时间的使用后，触感就变得更温润，因此受到大众的欢迎。木材能吸收与释放水汽的特性，可以将室内温度和湿度维持在稳定的范围内，常保健康舒适的环境。不过，有些实木不适合海岛型气候，易膨胀变形，且易受虫蛀。

种类有哪些

常见的木种有橡木、柚木、梧桐木、栓木、梣木、胡桃木、松木等。实木也可通过加工处理打造不同的木质效果，如以钢刷做出风化效果的纹路，或是染色、刷白、炭烤、仿旧等处理。另外，为了减少木材资源的浪费，再加上整块实木的原料价格高，而改良出将实木刨切成极薄的薄片，粘贴于胶合板、木心板等表面，从外观看同样能营造出实木的自然质感。

挑选方式

可依照喜好的木种去挑选实木板和实木贴皮，但不同木种会有不同的特性，例如桧木实木板要注意选的木料是心材还是边材，若是边材则材质强度与防腐性较心材差；橡木木皮选用60～200条（0.6～2mm）以上的厚度较佳。在选购时应多问多看。

图片提供 _ 原木工坊

未来的木材使用趋势
02集层材

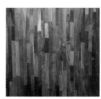

图片提供_山林希家具

| 适合风格 | 乡村风、古典风
| 适用空间 | 客厅、餐厅、卧室

材质特色

所谓的集层材，是拼接有限的木料而成的木材再制品，多以黏胶合成拼接。近10年来，集层材被大量使用，成为未来必然的趋势。由于森林砍伐受到限制，木材取得困难，再加上集层材是利用三四片以上的木料接成，相较于耗费多年时间长成的大块实木，集层材的加工更快速且制成品的衍生性也多。在装修、家具或建筑上，都能看到集层材的运用。

种类有哪些

制作集层材的木种有柚木、松木、北美橡木等，一般若使用越大块的木料进行制作，表面质感会越细致自然。而在装修上，集层材可制成集层实木板、集层木地板等，用于地面、天花板或壁面装饰。

图片提供 _ 101空间设计

挑选方式

仔细观察表面，以肉眼检查表面是否有不平整、有明显压痕或正面无光泽、色泽不均的现象，也要注意木材边缘是否有崩坏龟裂。由于集层材为各种木料粘接而成，最大的问题在于要特别注意黏胶成分，有不少厂家为了降低成本，而使用具有挥发性气体（VOC）的胶黏剂，用在居家环境，容易引发呼吸道疾病等。因此，在选购时应注意集层材是否含有甲醛、有机溶剂，以免买到危害健康的建材。

回收利用更有味道
03二手木

| 适合风格 | 乡村风
| 适用空间 | 客厅、餐厅、书房、卧室、儿童房

图片提供 _ 大湖森林室
内设计

材质特色

　　许多人喜欢木头的触感温润，但考虑到木材的价格及维护，目前也很流行使用二手木材，甚至许多爱好者会直接到二手木材市场去买回收木材制作家具，价格比全新木材便宜一些，也是环保又划算的做法。由于使用二手木材必须重新再整理，运用与装修上会比使用新木材花更多的时间，但是价格比新木材便宜许多，而且呈现出来的效果比起仿旧处理更有味道，也切合永续利用的环保观念。

种类有哪些

　　二手木材的来源，大多是使用过的木箱、栈板、枕木、房屋建材、老屋木门窗等。通常可到旧木料市场或回收木材店选购，这些商家多位于偏远地区，回收木料摆放较乱，一堆一堆放，挑木料时不要怕麻烦，可请老板将适合尺寸的板材拿出来，看木纹花色，要多留点时间逛，才能找到好的二手木材。

挑选方式

由于木材的品质不一，需要仔细观察木料的表面是否有泡过水的痕迹，若曾浸过水，则内部的木纹颜色会浮出水面，形成黄色的污渍，表面的木色就不干净清晰，避免买回去后，因腐坏而不堪久用。另外，尽量不选择集层角料，因为集层角混合各种木材，经过压缩再用胶水黏合，泡过水后会一片片剥落，再次使用时，其使用年限较短。

图片提供 _ 大湖森林室内设计

Part2
经典立面

利用木质滑门
转换室内空间的样貌

空间面积丨 165m² 　主要建材丨木皮板、实木南
方松、木地板、黑色金属烤漆铁件、复古文化石砖、
乳胶漆、雾面烤漆板、马赛克砖

文 刘彩荷
空间设计暨图片提供　竹工凡木设计研究室

↑ **大胆的景观浴池设计**　房主是一对年轻夫妻，男主人又是在家工作的金融操盘手，设计师用了一个大胆又前卫的设计概念——在餐厅旁建造了一个景观浴池，明亮的天空蓝让浴池成为空间的视觉亮点，又让用餐仿佛像在泳池边的野餐。

← **隐藏的私人空间** 餐厅旁有一处私人空间，平时以木质旋转门片隐藏于后，木片时而为墙，时而为门的形态，弱化了空间与空间彼此的虚实对应，在这样一个充满隐私感的小天地中，可以发呆、沉思、阅读、小憩……

此案是一对年轻夫妻在台北都会核心区北侧近郊高层公寓住宅，室内平面狭长形呈现，设计师考虑到男主人是在家工作的金融操盘手，因而巧妙地将服务性的功能空间收拢于入口处的长向一侧，其余主要生活与工作场所则散置于一个全然敞开的大型区域内，并通过可开合移动的墙面与隔屏，形成可随不同时间、氛围与使用需求，转换不同组构空间关系的室内状态。

全案以木质材料的自然触感、温润的视觉氛围营造为主调，整体室内由可滑动的木质滑门门片贯穿其中，时而为墙，时而为门的形态，弱化了空间与空间彼此的虚实对应。踏入大门，由梧桐木皮墙面、木地板与灰黑色系金属铁件混搭而成的玄关，以45°转折的迂回，创造出一道低调而诚挚的邀请。位于室内中心位置的餐厅，则成为连接各个不同区域的中介区块，借由木质滑门与可移动、旋转的电视墙，充分展现出空间随使用模式调整的机动与多变性，建构出开放中亦保有私密感的场域，由客厅、餐厅、景观浴池与原木组建的厨房，建构于主要公共区域内，以全然开放的形式，呈现宽广而舒适的居家生活空间；后半部为工作区与主卧室，延续公共区域以木质铺面结合灰黑色调的质感，呈现统一的暖色调性。整体空间在简约语汇中，以最单纯的手法，将复合而多样的空间恰如其分地融合于一体。

← **自然而温馨的客厅** 木质墙面、木质天花板，加上木质与黑色金属烤漆铁件的大型收纳柜体，以及复古文化石砖搭配灰色沙发与灰色地毯，让整体客厅的氛围沉稳中带有温暖，而吉他、提琴与钢琴的置放，又鲜明地点出了主人的音乐素养。

→ **创造宛如度假的悠闲感** 景观浴池辅以四周木格栅环绕的包覆式设计，正对落地窗外植栽扶疏的室内阳台，以阳光绿意，在相对有限的室内空间，创造如同度假休闲般的闲适感受，当然在无外人的情形下，也可以享受泡澡的乐趣。

温润而有气势的玄关　玄关由梧桐木皮墙面、木地板与灰黑色系金属铁件混搭而成，空间相当宽阔，可容纳好几个人在此也不嫌拥挤狭窄，连自行车都可从容停放在此，两个齿形木质椅子贴心让人能坐着穿脱鞋。

↑ ↗ **工业风的洗手台** 在客用的半套卫浴间，设计师采用一个类似皮革捆绑悬吊的镜子，搭配金色水龙头，以及侧面的黑色金属烤漆铁件收纳格，展现浓郁的工业风。而黑色墙面与木质墙面的鲜明对比，也让这个小小的空间多了层次感。

木材流行趋势

经过染色上漆的木材为如今的流行趋势。木材的原色一直是深受大众喜爱的主流色系，经过染色的灰色、褐色调，以及透过上漆让颜色更深的木色，也越来越受大众关注。除了颜色之外，天然的木头纹理不但能让空间看起来温馨，更散发香气，仿佛走入森林间呼吸芬多精，轻松打造自然木感住宅。

Part3
设计形式

　　生活在热闹便利的都市，有时会很想念山林里树木的味道，也有越来越多的人希望回到没有过多堆砌、感觉舒适的家。木材的温润不仅能改变冰冷的空间，还能通过不同的造型工法改变原有的样貌。此外，木材在立面的应用方式变化多端，可以是吸引人的端景墙，也可以是门口的玄关柜体设计。以下将介绍木材的造型工法与混材设计。

造型&工法

　　木材已是居家空间不能缺少的重要角色，它的质感温润，加上纹路颜色的不同，让它成为可塑性极高又能展现风格的材质。不妨将木材想成一件百搭的单品，无论是拼贴、格栅、深浅木头交叠、结合木雕艺术，还是染色处理，它都能因为造型工法的变化而产生丰富的层次感，并能结合异材质，进而创造独特立面。

图片提供 _ 柏成设计

木材造型
01 木皮拼贴

天然木皮不仅树种丰富，产生的纹理表现也大相径庭，所以不同的拼贴方式，正是用来设计各种木皮独特个性的方式之一，使木皮可以在各自的纹理当中找到最恰当的排列方式，让每一片都能如实呈现最佳立面。

右上方图例中，运用整面的深色木皮墙，不仅可以呼应家具与柜体的色调，还能使空间更沉稳，更有原始粗犷的味道，更能表现居住者崇尚自然的生活品位。

右下方图例中，以橡木染灰木皮创造前后交叠的挑高立面，让人远看以为是异材质，近看却能看出木头纹理，为空间增添质感。

木皮拼贴的方式多元，只要运用小巧思和大胆实验的精神，除了利用相同木皮拼贴外，运用不同树种的表面纹理增添视觉变化，更是现今装修设计创造氛围不可或缺的方式。

图片提供 _ 诺禾空间设计

图片提供 _ 相即设计

Methods

施工 Tips

1. **木皮厚度很重要。** 若是选用橡木木皮进行染色处理，建议选 60 ～ 200 条（0.6 ～ 2mm）以上厚度的木皮较佳。
2. **确定墙面平整。** 要做木皮拼贴时，除了要确定墙面平整之外，还需要做好墙面防潮措施，以免施工后出现木皮翘起等现象。

木材造型
02 木质格栅线条

如果喜欢低调又充满禅风的设计，木质格栅绝对会是首选，木头的温润质感配上根根分明的格栅设计，一是能拉长空间尺度，产生空间对话，二是格栅的透光度肯定会比一面隔间墙更高，使室内整体装饰更上一层楼。

左下方图例中的木质格栅还隐藏着一扇门，运用巧思让一面墙富有耐人寻味的神秘感。

此外，过去格栅线条的设计通常会给人黯淡笨重与阻隔之感，若希望跳脱旧有设计，可以在格栅上喷漆或上漆，展现有别于以往的视觉风景。右下方图例则是将木格栅转换成白色，让立面更具特色。

Methods

施工 Tips

1. **选用硬木来做木格栅。**选用柚木、紫檀、鸡翅木等木质比较硬的实木来做格栅，不然，立面支撑力可能无法持续较长时间。
2. **运用贴皮木格栅。**如果担心无法挑选到满意的实木硬度或是花色，可以使用贴皮木格栅来替代实木，不仅可节省成本，还能确保花纹一致。

图片提供 _ 相即设计

图片提供 _ 相即设计

木材造型
03 深浅木头交叠

如果担心视觉呈现上只有简约木纹会显得过于单调，可以用深浅木头交叠，以深浅不一的松木原木再交叠，虽然只用一种木头，但打破了一般人对立面光洁、应平铺至满的印象，运用厚薄不一的木材，让立面更有前后层次感。

下方图例中，在单纯的木作立面之外，再加入黄色烤漆玻璃灯箱，通过灯光的变化，辅以重点打光，让交叠木头因为烤漆灯箱的照射而有深浅不一的明暗表现。不仅增添了染色松木的温润质感，也让开放式客厅氛围更加雅致，并使简练的设计风格因原木温暖、醇厚的触感加乘，更加自然。

施工 Tips

1. **搭配灯光**。如果加入灯源，辅助打出层次感，就需要选择厚薄不一的木头，这样打出来的灯光层次会更漂亮。
2. **颜色搭配很重要**。以整体空间来选择木头的配色，才能让立面展现绝佳的视觉风景。

图片提供 _ 原木工坊

木材造型
04 结合木雕艺术

松木是针叶林种，生长在北美居多，它的特性是表面纹理明显并且木节较多，可轻松营造天然家居质感，再加上松木毛细孔比较大，能够适应台湾潮湿的气候，调节室内的湿气。另外，松木有别于紫檀、鸡翅木等硬木，它偏向软木，选用软木类型的木头来雕刻，一方面比较容易雕刻，再者给人的感觉比较有温度，贴近人心，不会太尖锐。

下方图例中，当木作遇上树叶、花瓣等植物语汇，便成功带出生动的厨房立面；手工雕刻的大自然图腾，与木头成了绝佳搭档，再搭配花砖混搭，让整个立面不是单调无趣的，而是有变化的艺术品。

施工 Tips

1. **选用好清洁的材质搭配。**要考虑木材设计的位置，如果是位于厨房台面，建议使用好清洁的玻璃或瓷砖，以免水渍、污渍破坏木材构造。
2. **考虑整体设计。**在设计上可以先选好立面主要色系，再挑选木材的配色与花砖的选用，才不会挑完材质后，发现和整体风格无法搭配。

图片提供 _ 原木工坊

木材工法
05 木头染色处理

　　首先要介绍的工法是橡木染色，可能是染成白色或是深褐色，橡木纹理呈直纹状，本质色彩深受设计师喜爱，而其应用上的最大优点就是具有良好的加工性，无论染色或特殊处理都能有不错的效果，在装修设计中的可变化性也大。相较于胡桃木或其他颜色较深的木种，橡木无论白橡、黄橡或红橡，上色性极佳，除了吃色容易，可以染成各种想要的颜色外，也能进行双色染色，并符合居家的整体风格。另外要介绍的是手工松木染色，因为它的毛细孔较大且纹理分明，所以染色处理后，它依然保有木头的纹路与质地，又能在设计和染色后呈现多元的创意。戴手套蘸满天然木头染剂，运用三原色调出多达20种色系，以手工一层层为木头染上新色，赋予居家自然活力气氛。

施工 Tips

1. **染色面积大、速度快。** 染色的第一笔不要太重，为木头染色时，面积要大、速度要快，否则染色不均匀，视觉呈现上会没那么好看。

2. **别重复上色。** 另外要注意的是别重复交叠染料在木头上，不然染料将会聚集成块状，失去清透感。

图片提供 _ 柏成设计　　　　　　图片提供 _ 原木工坊

混材

树木的种类多样，不同树种皆拥有独一无二的肌理纹路及色泽质感，而且包容性强，可轻易搭配各种材质，适度平衡空间调性。因应现在不论是居家或者商业空间追求更具特色的需求，混用异材质在同一个空间成了现今室内设计的新趋势，借由木材与其他异材质的混搭与运用，不只增添空间层次，也让空间有了多元的样貌。以下将介绍木材与石材、木材与金属、木材与板材的混材搭配。

木材混搭
01 木材 × 石材

自然材质长期以来就是居家空间的主流建材，其中又以触感与纹路均能展现柔和感的木材最受欢迎。而同样也深受大家喜爱的石材则是另一自然材质的代表，如鬼斧神工的艺术纹路，加上稳重、坚固的质地，常被用来凸显空间的安定性与尊贵感；除了天然石材，还有其他如文化石与抿石子、磨石子等人工石材可供选择，也能展现不同情调与风格。

由于木材与石材都是天然素材，无论是种类或是本身的纹路变化都相当丰富多元，两者混搭后则可变化出深、浅、浓、淡多种氛围，同时木材还可搭配染色、烤漆、熏染、钢刷面、复古面……各种后制处理来增加细腻质感与色调；至于石材则可在切面上做设计，让石材呈现出或粗犷或光洁等不同表情，综合种种，基本上木与石的混搭是最能展现自然、舒适空间的搭配组合。

Methods

施工 Tips

1. **注意石材的维护。** 需要考虑的是一般石材本身较为脆弱，在施工过程容易刮伤、碰损而需要更多维护。
2. **先完成木作，再铺贴石材。** 石材价位高于木料且修护较困难，而木作修补上较方便，所以工序上木作会优先进行，完成后再来作石材的铺贴。而一般最常见的石材电视墙也是以木作角料作结构，再作固定施工。

图片提供 _ 大雄室内设计

木材混搭
02 木材 × 金属

木材具有包容、温暖的观感与触感，而金属则拥有强悍、个性的质地形象，这两种材质性格迥异，却都是室内装修建材中相当受倚重的结构与装饰材质，两者不仅可交错运用在结构上互做后盾，当作面材的设计时也可借着两种异材质的混搭，达到对比或调和的效果。以居家空间而言，过多的金属建材容易让空间显得过于冰冷，如能有自然而温暖的美丽木材作调节，不仅增加设计的变化性，也可添加几许人文质感的舒缓效果。

而木材与金属的搭配相当多元，除了木种、木纹的款式繁多，各种染色技巧与仿旧做法还能造就出更多差异性，若再搭配金属材质的变化设计，风格即有如万花筒般地丰富灿烂。例如锻铁与铁刀木最能诠释闲逸的乡村风，而不锈钢搭配枫木则给人北欧风的温暖感，至于黑檀木与镀钛金属又能创造奢华质感，多变的戏法全看设计师的巧思与工艺，几乎在每一种装修风格中都可见到木与金属的混搭之妙。

图片提供 _ 柏成设计

图片提供 _ 禾捷室内装修设计

施工 Tips

1. **强化木材的稳固性。** 与金属施工的方式必须依照设计者的需求而定，木头与金属之间可以运用胶合、卡榫或锁钉等方式接合，有些甚至运用了两种以上工法来强化金属与木材结合的稳固性。

2. **多元结合运用。** 任何混搭的材质同样都需要讲究尺寸的精准，而金属铁件因铁板薄且具有延展性，可运用激光切割的方式来做图腾设计，搭配木质边框可成为主墙装饰或屏风，相当具有变化性，而图腾也可依个人特制化。

木材混搭
03 木材 × 板材

木材的使用在现代建筑已是不可或缺的一环，无论是搭配性或是质地、触感，都很适合运用于居家空间配置，细腻的纹路以及木材本身的香气，皆能凸显空间特色。而要在以木材为主的空间创造出不同风格，可借由木质板材的运用，同中求异做变化，现在建筑运用的板材种类很多，常见的有胶合板、木心板、集合板等。

木头与板材结合，一般而言可通过白胶、防水胶、强力胶等作接合处理，不过还是要靠钉子加强固定效果，并可借由染色、烤漆、喷漆、钢刷等方式呈现浓淡等不同风貌。由于木头与板材的质感、色系相近，常被使用于居家空间，或是想要在全天然木空间中做出不同变化，板材的运用将是很好的选择。

施工 Tips

1. **先黏合再固定。** 不论是水泥板还是 OSB 板等板材的施工方式，通常是先以各种不同的胶黏剂胶合，并依板材的脆弱程度及美观，以暗钉或粗钉固定。

2. **防水胶与万用胶黏性较高。** 白胶价格较便宜，稳固性低，有脱落可能；防水胶和万用胶较能紧密接合物体，价格相对而言较高。

图片提供 _ 六相设计

Part4
替代材质

由于台湾属于较潮湿的海岛型气候，再加上居家空间处于温湿度较高的环境，若没有做好防潮处理，木材很可能会产生发霉或曲翘变形的现象；另一个缺点是不耐刮，必须尽量避免尖锐物刮伤表面或遭硬物撞伤。因此，市面上出现多种可替代木材的产品，例如坚硬、不容易卡脏污的仿木纹砖，省装修费又不失质感的仿木纹壁纸，以及立体效果极佳的仿浮雕木纹墙板。

01 仿木纹砖

仿木纹砖的表面呈现木纹装饰图案，看起来几乎跟木头没有区别，具有不易受潮、耐磨、不易褪色、不担心发霉虫蛀等优点，且表面经防水处理，易于清洗，可直接用水擦拭。

仿木纹砖的花纹造型丰富，可以选择的品种类型更多，有桦木、橡木、桧木等多种木纹可以选择。表面光泽度还分成瓷质釉面、釉面磨砂、釉面半抛光、釉面全抛光、平面的、凹凸面等。等级不同，价格也不同，还可以根据不同风格选择想要的木纹砖，有工业仿旧砖、现代仿木纹砖。

仿木纹砖也有其缺点，例如较不自然、呆板，因为表面要仿造木纹，会有表层不平的现象，所以较容易积水，再加上仿木纹砖的长度较长，施工费会比一般的砖材还高。

图片提供 _ 汉桦瓷砖

如果不用手触摸，几乎看不出来这是仿木纹砖。

图片提供 _ 汉桦瓷砖

运用不同颜色的仿木纹砖，创造多层次立面。

02 仿木纹壁纸

　　壁纸发源于干燥而气候宜人的欧洲，就产地而言，意大利、英国、法国等地出品均有历史口碑，而中国台湾地区也有许多优质厂商针对当地气候特质研发适合湿热型气候的壁纸产品。随着科技日新月异发展，国内外研发出越来越多品质优异的壁纸材料可供选购，而且在美感视觉的设计上，还能做到输出特殊材质的效果。如果喜欢木头温润无压的质感，又不希望装修费过高，可以选择仿木纹壁纸、仿木皮壁纸，这种几可乱真的设计特性，再加上与其他材质的混搭创意，能为居家空间的立面效果创造无限的可能性。

> 如果喜欢木头温润无压的质感，却又不希望装修费过高，可以选择仿木纹壁纸、仿木皮壁纸。

图片提供 _ 巢空间室内设计

03 仿浮雕木纹墙板

　　这一款仿浮雕木纹墙板是以全新一代的技术，聚合天然氧化石材、强化玻璃纤维及聚酯树脂纤维，使板材能以极薄轻量化的方式铸形生产。

　　其中的玻璃纤维赋予强度，聚酯纤维增加弹性及韧性，天然石材元素将石板、砖墙、混凝土等面板的真实触感和视觉感受推升至极佳的境界。大尺寸规格，减少板材间的接缝处，有效缩短工时，轻松打造视觉氛围。

　　除此之外，这款仿浮雕木纹墙板具有韧性、花色多样化，且可做微弯曲，创意视觉选择更多元，是一种新概念的装饰面材，集合"轻、薄、大、真"的建材优点于一身，为装修、装饰的概念重新下定义。

> 这款仿浮雕木纹墙板具有韧性、花色多样化，且可做微弯曲，创意视觉选择更多元，是一种新概念的装饰面材，集合"轻、薄、大、真"的建材优点于一身。

图片提供 _ 永逢企业

7

低预算、施工快的最佳选择

板材

Part1
认识板材

图片提供_十艺设计

在装修的世界中，板材是一般人较不注意的类别，但在居家生活中却扮演着与安全、环保息息相关的角色。近年来环保意识抬头，强调防火、抗菌、无毒的绿建材板材逐渐成为市场主流，在居家及装修工程中为居住者的健康与安全把关。

目前市面上常用的隔间板材主要有实木、硅酸钙板、石膏板、矿纤板等，除了实木之外，其他皆为合成板材，由于隔间相当重视防水、耐压的功能，因此在材质的选用上须谨慎小心。而木质板材多用于空间装修和柜体，须留意板材品质来源、耐用性和防潮性。能当作立面设计的板材，须考虑以下特质：

☑ **防潮抗压**	在效能的要求上，作为壁板的板材，除了要具备隔音、吸音的效果外，同时也要有防火、好清理的特性，但美耐板可能比较不适合用于卫浴空间等过于潮湿的区域，怕会出现脱胶掀开的现象。
☑ **装饰**	希望打造现代风格的立面除了后制清水模之外，还能选用水泥板替代，它的质地如同木板轻巧，隔热性能佳，又具有水泥坚固、防潮与防蚁等特质。而喜欢乡村风的人可以使用线板来装饰立面，营造出不同的居家氛围。

系统家具业者爱用
01木质板材

| 适合风格 | 各种风格均适用
| 适用空间 | 客厅、餐厅、书房、卧室

摄影 _ Amily

材质特色

在空间装修或是制作系统家具时，通常都会用到木质板材。板材制成后，容易散发甲醛等有害物质，而危害到居住品质，因此目前市面上也出现许多"低甲醛"的板材。一般所谓低甲醛板材，多指符合E_1级标准的建材，甲醛平均值1.5mg/L以下，最大值2.1mg/L以下。

种类有哪些

木质板材的种类繁多，一般常用胶合板、木心板、中密度纤维板。而较高级的家具品牌或进口家具则常使用原木和粒片板（塑合板）制作，同时，因为它不易变形，并且具有防潮、耐压、耐撞、耐热、耐酸碱等特性，外层不管是烤漆、贴皮，款式都很多样化。

挑选方式

判断木心板、胶合板及塑合板的好坏，最明显就是从外观判断，从正反两面观察，注意板材表面是否漂亮、完整，并能检视厚度的四个面，确认板材中间没有空孔或杂质。板材厚度差异不能太大，否则会影响施工品质及完工后的美观程度。另外，在挑选时，可感受板材重量，品质较好的板材通常较重。板材散发出的甲醛会危害人体健康，且不环保，在选购时可挑选通过绿建材及环保标章的板材，确保居住环境健康。

图片提供 _ 隹设计

勾勒风格的装饰板
02线板

| 适合风格 | 现代风、乡村风、混搭风、美式风
| 适用空间 | 客厅、餐厅、书房、卧室、儿童房

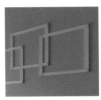

图片提供 _ 欧德家具

材质特色

传统线板多以木头材质制作，需依赖老师傅纯手工创作，因而师傅的设计美感与最终呈现的作品息息相关，而木头制作的线板，因为表面粗糙，施作时须经过三道工法后才可上色，颇为费时费工。现今的线板材质多半为硬质PU塑料，并以模具成型，因材质可塑性高，花样选择也就日趋多样。所谓的PU塑料是一种人工合成的高分子塑胶材料，在制造过程中，须依照用途加入发泡剂。

种类有哪些

在使用上分为软质和硬质两大类，线板的制作原料即为硬质PU塑料。制成线板的PU塑料在硬度上有一定规范，部分商家为降低成本添加过多发泡剂，价格虽然便宜，但因密度不足，品质堪忧。线板从早期简单的平板式和转角线板，有了更多的发展，不再仅是装饰天花板的用途，线的概念延伸到门框、腰带等；甚至有以线而成面的概念，发展出壁板、灯盘、罗马柱、托架等，种类繁多。依风格来分，大致有美式极简风、复古华丽风以及活泼彩绘风。

图片提供 _ 欧德家具

挑选方式　　　　　　　线板塑形时需要添加发泡剂，但因塑料价格攀升，劣质产品会添加过多发泡剂降低成本，因此密度不足，导致重量较轻，消费者可从重量判断品质好坏。另外，也可以观察线板的花样是否立体，判断品质的优劣。

替代清水模的绝佳板材

03水泥板

| 适合风格 | 各种风格均适用
| 适用空间 | 客厅、餐厅、厨房、卧室、书房、儿童房、阳台

图片提供 _ 永逢企业

材质特色

　　水泥板，结合水泥与木材优点，质地如同木板轻巧，具有弹性，隔热性能佳，施工也方便。另一方面又具有水泥坚固、防火、防潮、防霉与防蚁的特质，展现其他板材没有的独特性，其美观的外形近年来也经常用在天花板及立面。而水泥板表面特殊的木纹纹路，展现独特的质感，再加上水泥板的热导率比其他材质的板材低、挂钉强度高，使用上更方便，完成后无须批土即可直接上漆。因水泥板具有不易弯曲和收缩变形，且耐潮防腐，再加上材质轻巧、施工快速，用于外墙也相当适合。

种类有哪些

　　水泥板有两类，一种是以木刨片与水泥混合制成，结合水泥与木材的优点，兼具硬度、韧性且轻量的特色于一身，多数被用来作为装饰空间的木丝水泥板。另一种是具有防火功效的纤维水泥板，它是以矿石纤维混合水泥制成，因吸水变化小，适用于干、湿式两种隔间上。

挑选方式

　　　　　木丝水泥板具有防火、防潮功能，使用范围广，常当作地板、天花板或电视主墙、墙面的装饰材。由于花色多元，可依居家风格再来做花色上的选择与搭配。值得注意的是，虽然木丝水泥板能防潮，却不能真正防水，不建议使用在浴室或淋浴间等空间。

图片提供 _ 映荷空间设计

物美价廉的装饰板
04 美耐板

| 适合风格 | 现代风、混搭风
| 适用空间 | 客厅、餐厅、书房、卧室

图片提供 _ 十艺设计

材质特色

美耐板又称为装饰耐火板，发展至今已超过100年历史，由进口装饰纸、进口牛皮纸经过含浸、烘干、高温高压等加工步骤制作而成。具有耐磨、防火、防潮、不怕高温的特性。由于使用范围广，美耐板材发展至今颜色及质感都提升很多，尤其是仿实木的触感相似度高，再加上美耐板耐刮耐撞、防潮易清理，符合健康绿建材标准，优良厂商的产品更是拥有抗菌、防霉的功能，许多高级家具在环保与实用的诉求下，也逐渐以美耐板来展现不同的风格。

种类有哪些

美耐板提供多种表面处理，例如皮革纹、梭织纹和裸木纹等，更让原本较为单调的板材饰面有了其他的选择。另外，也常听到"美耐皿板"的建材，这是指在塑合板表面以特殊胶贴上装饰纸，另外在装饰纸上涂一层"美耐皿"硬化剂，同样具有美观、防潮的优点。美耐板和美耐皿板最大差异在于表层牛皮纸的层数，及高压特殊处理的过程，因此，美耐板的强度、硬度及耐刮性较美耐皿板来得更好。依表面材质或样式分成素色、木纹、石纹、特殊花纹。

图片提供 _ 十艺设计

挑选方式　　　　　　　美耐板基本上都具备耐污、防潮的特性，但若长久处于潮湿的地方，与基材贴合的边缘仍会出现脱胶掀开的现象，较不适合用在浴室，而经常会以手触摸的区域也不建议使用，避免手汗影响整体色泽。

吸音防火建材新宠儿
05美丝板

| 适合风格 | 各种风格均适用
| 适用空间 | 各种空间均适用

图片提供 _ 和薪室内装修设计

材质特色

美丝板是以环保木纤维混合矿石水泥制作而成的建材，美丝板在制作过程中将所有素材无机化，因而不会有潮湿发霉的问题，也因采用自然原料，不仅无毒还取得绿建材标章，而材质中混入的水泥，也使这项建材通过耐燃二级检测。

其外观可明显看出长纤木丝构造，粗犷又带有自然质朴简约的样貌，用于壁面或天花的装修上，都能让空间恰如其分地凸显简单的韵味；也因其多孔隙不平整的表面，而具有吸声及漫反射声波特性，是不少视听空间的建材新宠，也十分适合与清水模搭配运用。此外，美丝板多孔隙的构造，也具有调节空间湿度功能。

种类有哪些

依照板材的形状和大小可分成长形和六角形两种。目前为了丰富空间，还有模组化生产多种颜色的六角形吸音砖。此六角形吸音砖，相当适合自行DIY拼组发挥创意，只要利用木工工具或白胶加泡棉双面胶带固定，就能在天花或墙壁随意拼图，创造出自己喜爱的造型及色泽搭配。

图片提供 _ 和薪室内装修设计

挑选方式

挑选时要注意表面纹路，好的吸音板表面为优美的自然卷曲木料纹路，均匀分布，且建议在选择时，指明有品牌保障公司出品的美丝吸音板，并向购买商索取原厂出具的产品证明书，才能确保产品的品质。

Part2
经典立面

板材价格亲民、组装快速
打造四口之家

空间面积｜ 132m² **主要建材｜**黑檀木系统板材、
橡木洗白系统板材、布纹灰板材、烤漆、波斯灰大理石

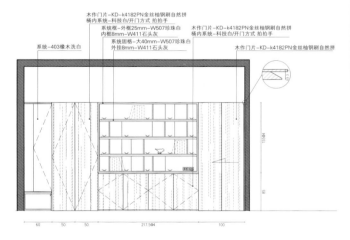

木作门片-KD-k4182PN金丝柚钢刷自然拼
桶内系统-科技白/开门方式 拍拍手
系统框-外框25mm-W507珍珠白
内框8mm-W411石头灰
系统固格-大40mm-W507珍珠白
外挂8mm-W411石头灰

木作门片-KD-k4182PN金丝柚钢刷自然拼
桶内系统-科技白/开门方式 拍拍手

系统-403橡木洗白

木作门片-KD-k4182PN金丝柚钢刷自然拼

文 刘彩荷
空间设计暨图片提供　十艺设计

↑ **打造多功能场所** 打破客厅是最大空间的设计，这里是一个多功能场所：用餐时的餐厅、大人的阅读空间、小朋友的游戏空间、家长与小朋友们的陪读区……总之，是全家人互动的地方，也是凝聚家人情感的场所。

← **收纳与隐藏门** 设计师利用黑檀木系统板材做了一个兼具收纳与展示的柜体。开放的地方可以作为摆放电器或艺品书籍等，柜体左方的门片内同样是收纳空间，右方门片则是进入房间与卫浴的隐藏门片，让柜子两边具备对称性。

此案例房主装修的动机，就是为了迎接即将到来家中的第四个成员，希望给家人一个惊喜。设计师考虑到预算以及缩短装修的时间，采用了黑檀木与橡木洗白两种系统板材来进行立面的打造，以期在最短时间内就可以让准妈妈入住，迎接第二个宝宝——小熊的到来。

与一般案例非常不同的是：房主并不需要客厅是最大的空间，反而希望留有一个宽敞的场所，可以是小朋友的游戏空间，可以是大人们的书房，可以是自由自在的工作室或阅读空间，也可以是家长与小朋友们的陪读区，在用餐时更可以是全家聚会场合，所以设计师将四房的格局改为三房，将空出来的空间留给这个互动性高的场所来使用，并将天花处理为木屋的斜屋顶及屋瘠，借其意象置身木屋之中，作为这个家的生活中心。

其次将原客厅的空间做了功能调整，设定上是类似起居室功能，采用一字型的沙发，在刻意安排下，通过柜体及木框架创造许多室内框景，每个框景就像是人生拼图，记录着家中成员成长点滴，当家中成员住进来了，也就完整拼出了属于每个人对家的轮廓。

房主家中的第四个成员小熊的房间，用直觉的意象作为设计安排，以熊最爱的蜂蜜来延伸：衣柜把手是蜂巢造型、天花板的吊灯也是蜂巢造型，搭配可爱的小狗床单，相信准妈妈打开小熊房间的那一刻，必定充满惊喜。

← **拼出人生框景** 客厅风格极为简约，设定上是类似起居室功能，采用一字型的沙发，背面墙上刻意留下空白，设计师希望由家中成员的成长纪录去丰富墙面上的框景，就像是人生拼图，点点滴滴都是他们在这个家里生活的难忘细节。

→ **呼应小熊的设计巧思** 房主家中的第四个成员小熊的房间，用"小熊爱吃蜂蜜"的概念来做延伸，构思出蜂巢造型衣柜把手，搭配可爱的小狗床单与蜂巢造型的天花板吊灯，让整个房间充满童趣，是设计师献给准妈妈的惊喜。

立面观点

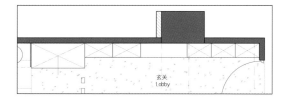

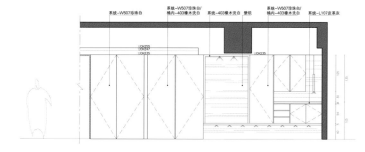

↑ **玄关廊道大型收纳**　很长的玄关除了运用橡木洗白系统板材做出大量的收纳柜体，不仅是家里的收纳，鞋柜也有很充裕的空间，一进门的柜子中间做中空设计，还可以摆放钥匙等出门必备物件，而此处"口"字造型的小卧榻，更具备了穿鞋、换鞋的座位功能。

板材流行趋势

仿饰板材受到青睐。 板材由工厂一次性生产，在现场可快速组装，又具有可拆卸再次使用的便利性，且夹心表面贴皮的板材更具备价格的竞争力，是许多设计案件常见的立面素材。随着科技的进步，板材表面更是呈现多样面貌，除了木纹之外，连皮革纹、大理石纹都能在板材中出现。

↑ **口字造型呼应四口之家**　设计师在黑檀木柜体旁巧妙地做了一个"口"字造型的小卧榻，让光线能够洒入室内，人也可以坐在小卧榻旁休憩，这样的"口"字造型的小卧榻一共有四个，呼应入住的四口之家。

↗ **系统板材一体成型**　房间就是需要大量收纳，整体皆使用橡木洗白系统板材，定制出单人床、书桌、置顶的收纳柜体，抽屉式、上掀式、开合式……每一寸空间都精心规划，搭配亮眼的鲜黄色椅子，让房间明亮、温暖。

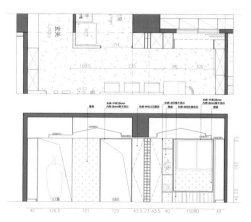

Part3
设计形式

　　早期板材在立面设计的运用，以平面板及转角线板收边装饰为主，但随着居家美学趋势多元化，许多人喜爱欧美正统风格，诉求低调奢华，均重视通过线板板材的立体繁复雕花艺术特质赋予精神。再加上材质与工法技术的进步，除了传统手工木作线板外，更发展出样式繁多的PU塑料线板，不但在线板造型上更加讲求精雕细琢，其运用范围也开始由边界逐渐拓延，可以从门、墙、柜等整体视觉立面着手，完整铺陈层次巧思。理丝设计翁新廷设计师建议，从整体空间环境包括光线流动、动线转折等细节来考虑板材的运用，细细揣摩不同角度呈现板材雕花细节之美，是室内设计美学的极致展现。

造型＆工法

　　在室内空间中，上至天花板，下至地面，乃至于放眼所见的空间立面或隔间，都可以是板材发挥造型创意所在。早期在工法上以木作线板为主流，施工较为费时，线板的雕花变化选择也比较少；但随着PU塑料板材的日渐普及，直接运用模具生成，让板材的可塑性更加提升，且具有不易龟裂或受潮的优点，通过形形色色的造型款式与材质相互搭配。

图片提供 _ 隹设计

板材工法
01 板材拼接

板材拼接的定义及应用相当宽泛，早期多用于替代较昂贵的大面积板材，达到降低成本的目的，后来也逐渐发展出通过拼接展现美感的创意。在工法上，目前主流多依照板材的材质而采用胶合法或钉合法，两种方法均是以角料组构立面的结构空心体，贴上底层胶合板再拼接表层的密合板，或是直接将实木企口板钉于角料上，最后再进行上漆。

通过不同形式的拼贴巧思，就能打造出乡村风格甜美可爱的小木门，或是宛若巧克力造型，大方稳重而带有低调奢华质感的方格墙面，拼接出独一无二的生活风景。

施工 Tips

1. **考虑电线走向。** 若拼接立面是电视墙或有设备安装需求，施工前须先考虑电线走向、承重结构增强等处理，并预设电器安装孔，以利埋入管线。
2. **应视空间条件选择适合的立面板材。** 例如实木企口板较适合用在客厅、卧室、书房等干燥区域；反之厨房、浴室等易产生油烟或潮湿空间，则建议选用不怕水的PU塑料板材施作。

图片提供 _ 理丝室内设计

板材造型
02 利用厚薄差异打造浮雕感

立体而风格强烈的浮雕感板材墙，可以说是拼接手法的进阶变化。一般常见的立面板材手法，主要是平面的拼接或是交界处边框式的收边收口效果。

不妨试试让线板从边界修饰的配角变为视觉中心语汇的主角，运用线板立体雕刻的特性，选用色彩、纹理变化有致且厚薄不同的线板，并排拼贴一整面线板墙，再搭配上漆或灯光投射变化，不但能打造出如同浮雕般的华丽视觉效果，大胆呈现独一无二的个性与精彩创意，而且在成本与施作上都较传统木工要经济实惠，让梦想中的居家不再遥不可及。

施工 Tips

1. **选用背面为平面的线板。**若要以线板拼贴整个立面，应选用背面为平面的线板，才能紧密贴合墙面。
2. **立面风格调性须一致。**须注意整体呈现的一致协调感，颜色、厚薄、宽窄之间不应太悬殊，否则会显得杂乱。

图片提供 _ 欧德家具

板材造型
03 运用线板营造风格

对于古典欧式、美式或乡村风居家而言，线板可以说是不可或缺的必备元素。这是因为线板具备了古代欧洲建筑中层迭与重组的美学精神，并且融入抽象图腾思维，让空间的细节呈现丰富艺术。例如线板艺术中常见的卷叶造型即是象征地中海沿岸的草本植物莨苕叶，具有再生、丰收的意象；至于美式或Loft风格则是常用素面线板勾勒空间的细致表情。一般而言，越繁复、细致的线板雕花造型，在施工上难度越高，且更需要注意花纹与整体空间线条所呈现的比例关系，建议寻求专业设计师与施工团队，以让空间呈现完美的精致质感。

施工 Tips

1. **检查壁面是否耐水。** 贴合线板前，务必检查墙面补土层是否具备耐水性，若墙面补土强度不足，受潮会产生粉化现象，可能导致线板脱落的窘境。
2. **注意雕花处的纹理。** 大面积施作需要衔接多块线板时，注意雕花处的纹理是否吻合，务必呈现完整的对花形式。

图片提供 _ 理丝室内设计　　　　　　　　　图片提供 _ 理丝室内设计

板材造型
04 利用仿饰系统板材

近年人们注重健康的居家环境品质以及环保意识渐强，系统板材的制作技术也迈进低甲醛的环保绿建材趋势，再加上仿饰技术的成熟发展，不论是石材、木质、金属、仿清水模等质感，均能完美呈现，在保养上也较原始材质更为容易，同时还可以结合隐藏门、收纳等实用性质功能，对于追求装修效果的房主而言，想要在最短的施工时间、花费最低的装修成本，让居家氛围焕然一新，创造完美的立面视觉效果，系统板材绝对是不二选择，目前已成为许多忙碌的医生或商务人士装修居家的心头好。

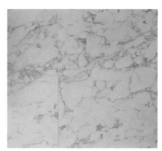

图片提供 _ 欧德家具

施工 Tips

1. **选择有信誉的厂商或进口板材。**市面上系统板材选择多，品质也多有参差，建议选择有信誉的厂商或进口板材，确保居家装修品质。
2. **注意板材的防潮系数。**选购时应特别注意板材的防潮系数，系数越高代表防潮越佳。
3. **系统板材可用橡皮擦去脏污。**系统板材在保养上也相当容易，有微小脏污出现时用橡皮擦去即可。

图片提供 _ 欧德家具

混材

线板作为一种空间设计材质，同时也扮演着美感语汇的角色，最早是由希腊古建筑的美学精神脱胎而来，讲究细节的修饰与雕琢，以及比例呈现的严谨平衡。在风格取向上，线板不但是欧式古典、美式或乡村风居家的必备元素，若能巧妙通过异材质的混搭手法，融合石材、金属等富有原质纯粹的材质，或者是搭配具有延伸与映射效果的镜面及玻璃，就能让线板跳脱单一传统风格的框架，化身为富有异国情调的南洋饭店风，或是讲究大气的现代风格空间。

混搭风格
01 板材 × 金属・石材

石材或金属是现代风格居家常见的材质，但因为成本昂贵且施工不易，在造型上的变化性较少，此时可运用款式多元、丰富的线板来助一臂之力。例如喜欢石材的恢宏气度，不妨使用石材包覆空间柱体中段，上方饰以线板形成梁托，即是古典欧洲基本柱式的简约转化应用。至于线板与金属的结合，更是可上溯至18世纪洛可可艺术时期对于极致华丽的追求，结合金箔或描金手法与雕花工艺，交织出绝美的雍容气度，呈现富丽堂皇的美感。除了美感上的互相搭配之外，线板也能肩负起实用功能性的任务，扮演收纳电线的踢脚线板，或是护墙裙、腰带等"护花使者"的角色，避免昂贵的石材墙被弄脏或损伤，作为甚至是间接灯光照明，通过灯光让石材或金属的质地更显细致层次，呈现画龙点睛的巧思。

施工 Tips

1. **防止尖锐材质造成的安全问题。** 因石材本身极脆弱，所以工序上都是最后在现场做拼贴，而收边技巧上无论是金属或石材都应该事先做好倒圆角的设计，以防止尖锐角度造成的安全问题。

2. **以安全与功能为优先考量。** 所有建材施工考虑都是以安全与功能为优先。

图片提供 _ 理丝室内设计

施工 Tips

1. **注意材质混搭时的色调一致性。**不同材质在搭配上应注意色调的一致性，避免突兀违和感。
2. **易碰撞的区域，应选择优质板材。**针对踢脚板等较易碰撞的区域，建议应选择密度较高的优质板材，避免使用加入过多发泡剂的板材，否则日后易产生耗损或热胀冷缩变形等问题。

混搭风格
02 板材 × 玻璃·镜面

　　一般而言，带有繁复雕花的线板在空间语汇上属于"古典"的调性，而玻璃、镜面等具有反射或延伸效果的材质则给人较"现代"的取向，若将这古典与现代的语汇适度混搭，将能呈现别出心裁的效果。

　　例如在线板拼接墙上，局部以镜面或玻璃取代，增添视觉上的层次丰富度之外，通过微妙异材质的混搭，也能让原本偏属于美式调性的线板墙变化为更具现代感的新古典调性。此外，例如讲究气度的大面积空间常见的墨镜或黑玻材质，若能巧妙运用其深邃而大气的质感，与线板华丽的艺术调性相配，一方面缓和修饰深色调镜面偏冷调的感觉，另一方面也能平衡线板雕花元素过度堆砌的繁重感，同时也能通过镜面映射的效果，让雕花艺术与空间视觉层次加乘延伸，让居家空间也能呈现华美不凡的气质。

图片提供_欧德家具

图片提供_欧德家具

Methods

施工 Tips

1. **选用已做好表面色彩处理的板材。**若是以线板作为镜框使用，建议可选用已做好表面色彩处理的板材，省去上漆的工序。
2. **挑选胶材很重要。**板材的黏着胶材一般多使用免钉胶，但与玻璃或镜面材质混搭时，可酌情搭配中性或酸性玻璃胶。

图片提供 _ 欧德家具

图片提供 _ 欧德家具

8

明亮透光的轻隔间素材

玻璃

图片提供 | 时沿设计

Part1
认识玻璃

具有透光、清亮特性的玻璃建材，有延伸视线、引光入室、降低压迫感等效果，结合玻璃的透光性和艺术性设计，更让它成为室内装饰、轻隔间爱用的重要建材。而玻璃在清洁上也相当容易，以市售的清洁剂擦拭即可。

玻璃分为全透视性和半透视性两种，能够有效地解除空间的沉重感，让住家轻盈起来。最常运用在空间设计的有：清玻璃、雾面玻璃、夹纱玻璃、喷砂玻璃、镜面等，通过设计手法能有放大空间感、活络空间表情等效果；此外，还有结合立体纹路设计的激光切割玻璃、彩色玻璃等。茶色玻璃或灰色玻璃可根据整体空间的色调营造氛围。若选用玻璃作为立面设计的优势为：

图片提供 _ 尚艺设计

✔ 放大视觉	玻璃的种类繁多，不同的玻璃会有不同的使用方法，应依照空间和设计来做搭配。加入玻璃元素，可以让空间有拉长、放大的效果，例如具有穿透感的清玻璃，不但价格低廉，还具备放大空间感的功效，适合小面积的居家使用。
✔ 区隔空间	在许多地方，玻璃或镜子都是很好搭配的素材，例如造型屏风使用夹纱玻璃，可以遮挡视线但又不会完全遮蔽光线，作为区隔空间的屏障，又能保有神秘的视觉享受。

轻隔间的重要建材
01 玻璃

| 适合风格 | 各种风格均适用
| 适用空间 | 客厅、餐厅、书房、卧室、儿童房

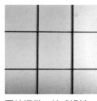

图片提供 _ 柏成设计

材质特色

住宅空间的采光是否足够，是规划设计时重要的课题，而玻璃建材绝佳的透光性，在做隔间规划时，能更有弹性地处理格局，援引其他空间的采光，避免暗房产生，让它成为空间设计中相当重要的一种建材。

若欲以玻璃取代墙面隔间，一般制作玻璃轻隔间需使用5cm厚的强化玻璃。具有隔热及吸热效果的深色玻璃为许多高级住宅所采用，在两片玻璃间夹入一强韧的PVB中间膜制成的胶合玻璃，具有隔热及防紫外线的功能，还可以依不同的需求配合建筑物的外观，选择多样的中间膜颜色搭配。

种类有哪些

玻璃运用在装饰设计上，还可利用激光切割手法创造艺术效果，或是选用亮面镀膜的镜面效果放大视觉空间，而丰富多元的彩色玻璃，也是营造风格的利器。大致种类分成清玻璃、胶合玻璃、喷砂玻璃、激光切割玻璃、彩色玻璃与镜面。

挑选方式

做隔间或置物层板用的清玻璃，最好的厚度为10mm，承载力与隔音效果较佳。10mm以下适合作为柜体门片装饰用。而胶合玻璃的PVB材质是选购重点，需要询问厂商胶材的耐用性，以防使用不久后胶性丧失。

图片提供 _ 柏成设计

耐油耐脏好清理
02烤漆玻璃

| 适合风格 | 各种风格均适用
| 适用空间 | 客厅、餐厅、书房、卧室、儿童房

图片提供 _ 禾捷室内装
修设计

材质特色

　　将普通清玻璃经强化处理后再烤漆定色的玻璃成品就是烤漆玻璃，因此烤漆玻璃比一般玻璃强度高，具有不透光、色彩选择多、表面光滑易清理的特性。在室内设计上，多使用于厨房壁面、浴室壁面或门柜门片上，也可当作轻隔间与桌面的素材。

　　由于烤漆玻璃具有多种色彩，又经强化处理，同时具有清玻璃光滑与耐高温的特性，所以很适合用在厨房壁面，既能搭配收纳橱柜的颜色，创造梦幻厨房的色彩性，又能轻松清理油烟、油渍、水渍等脏污。

种类有哪些

　　单色烤漆玻璃是烤漆玻璃的基本款，大面积利用可以创造整片通透的感觉，除单一颜色之外还可加上金或银色的葱粉，不同的葱粉可以创造出不同的光泽感。另外，还有规则或不规则图样烤漆玻璃及适用于潮湿环境的耐候玻璃。

图片提供 _ 禾捷室内装修设计

挑选方式
　　注意玻璃和背漆的配色，要避免色差。透明或白色的烤漆玻璃并非完全是纯色或透明，而是带有些许绿光，所以要注意玻璃和背后漆底所合起来的颜色，才能避免色差的产生。使用在厨房、浴室壁面的烤漆玻璃，要特别注意漆料附着强度，因为潮湿的环境会使烤漆玻璃出现脱漆、落漆，而使烤漆玻璃斑驳老旧。

筑一道透心凉的墙
03 玻璃砖

| 适合风格 | 乡村风、现代风
| 适用空间 | 客厅、玄关、浴室、厨房

图片提供 _ 时治设计

材质特色

　　玻璃砖是现代建筑中常见的透光建材，具有隔音、隔热、防水、透光等效果，不仅能延续空间，还能提供良好的采光效果，成为空间设计的利器之一，它的高透光性是一般装饰材料无法相比的，光线透过漫反射使房间充满温暖柔和的氛围。透明玻璃砖给人沁凉的明快感，且搭配性广，没有颜色的限制。玻璃实心砖的彩色系列可以让空间有华丽晶莹的氛围，并能跳色搭配，设计出想要的空间质感。

种类有哪些

　　玻璃砖是由两片玻璃热焊而成，透明玻璃砖的内部为中空状态，而玻璃实心砖则为实心，能呈现琉璃光感，光影的折射更优异。不论是透明玻璃砖或是玻璃实心砖，砌成墙壁后都不会有阻隔的压迫感，且因特殊折射而为空间带来柔和与朦胧感。

挑选方式

挑选玻璃砖时，主要检查平整度，观察有无气泡、夹杂物、划伤和雾斑、层状纹路等缺陷。空心玻璃砖的外观不能有裂纹，砖体内不该有不透明的未熔物。有瑕疵的玻璃，在使用中会发生变形，降低玻璃的透明度、机械强度和热稳定性，工程上不宜选用，但由于玻璃是透明物体，在挑选时经过目测，通常都能鉴别出品质好坏。

图片提供 _ 时冶设计

Part2
经典立面

善用玻璃穿透性
玩出跳脱传统的时尚

空间面积｜ 413m² **主要建材**｜玻璃砖、空心砖、
不锈钢、磐多魔、清水模、原木

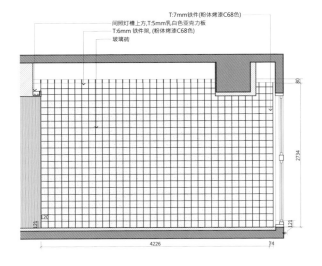

T:7mm铁件(粉体烤漆C68色)
间照灯槽上方,T:5mm乳白色亚克力板
T:6mm 铁件架, (粉体烤漆C68色)
玻璃砖

文 刘彩荷
空间设计暨图片提供 尚艺设计

↑ **玻璃灯墙营造氛围** 位于客厅中能变换不同颜色灯光的玻璃墙面，是整个案例中的最大亮点，不同颜色灯光,无论白天或是夜晚,营造出不同的视觉气氛,是设计师为企业家房主所呈现的跳脱传统的新意象。

◈ **心灵空间的双重运用**　偌大的起居休闲空间简约到几乎没有家具陈设，空间尽头是金属刻篆的《般若波罗蜜多心经》，尘世忙碌的主人可以来此小憩片刻，心灵能求一方宁静；面对窗户则有投影设备，作为视听娱乐之用。

◈ **混搭工业风的演绎**　清水模与不锈钢材质的天花板，白色亚克力吊灯与粗犷木椅，却搭配着精致的白色餐桌、餐椅，工业风的混搭在这个开放式的餐厅有了不同层次的演绎。自此处用餐佐以窗外城市样貌，犹如置身高级酒店般享受。

◈ **室内外的呼应与反差**　此案例是一个双户打通的大住宅，两边都有非常大面积的落地窗可以眺望室外景观。"城市景观怎么样呼应室内"是设计师思考的主轴，让屋内远离城市喧嚣，成为一个时尚、休闲、禅意的空间。

　　此案例是一个双户打通、面积达413m²的住宅，地点位于信义计画区的中心，是台北市精华的区域，窗景可以直接让台北的地标101映入眼帘，设计师希望在城市喧嚣的环境中此屋内可以达成一个反差，通过房子里面独有的特色跟摆设来沉淀身心。

　　此宅结合了时尚、休闲、禅意三种意境于一身，走进玄关，是质朴的清水模墙面，进入客厅有一面玻璃墙面是整个的视觉焦点，设计师在玻璃立面嵌入可变换不同颜色的灯光，让客厅能充满犹如Lounge Bar的浪漫氛围；此外，屋内两侧皆装置大型玻璃落地窗，除了客厅、餐厅、起居休闲空间，还有主卧室、老人房，都能经由玻璃的通透感受到光影在屋内的轨迹与变化；主卧浴室的洗手台墙面及双洗手台的水龙头也是用不同形式的玻璃来与外部相互呼应。

　　餐厅后方是一个多功能的空间，它结合了书房与起居室的功能，也可以让这个空间变成朋友来聚会聊天的场所；主卧室则运用大理石结合增色的原木，配合极为吸睛的橘色床铺，卫浴空间里面的泡澡区更运用粗犷石材，像是高级酒店，又像是回到山林里度假的氛围。起居休闲空间是这间房子一个很大的区块，有点像酒吧的空间，同时也是很庄严的佛堂，造成空间的混搭美感。

　　设计师运用玻璃与不锈钢让空间多了一些前卫跟时尚感，也结合了比较原始天然的材料，让粗犷、时尚、精致、前卫……在空间里面可以得到冲撞与平衡的美感。

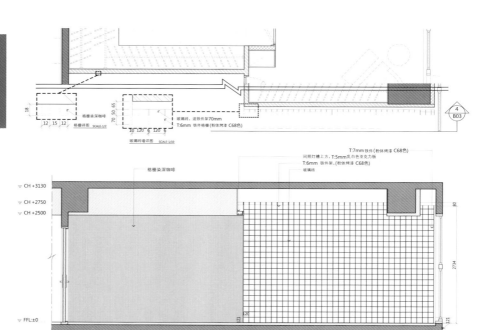

立面观点

格栅染深咖啡
格栅详图 SCALE-1/2

玻璃砖、退铁件格栅70mm
T:6mm 铁件格栅(粉体烤漆 C68色)
玻璃砖墙详图 SCALE-1/10

间照灯槽上方、T:5mm乳白色亚克力板
T:7mm 铁件(粉体烤漆 C68色)
T:6mm 铁件架(粉体烤漆 C68色)
玻璃砖

格栅染深咖啡

▽ CH +3130
▽ CH +2750
▽ CH +2500

▽ FFL:±0

4226   74

4
B03

← 玻璃墙让客厅像是高级酒吧 在玻璃墙嵌入可变换不同颜色的灯光，让客厅能充满犹如高级酒吧的浪漫氛围。此外，屋内两侧皆装置大型玻璃落地窗，让整个空间都能经由玻璃的通透感受到光影的轨迹与变化。

↙ 亮橘色展现时尚品位 偌大的主卧室运用大理石结合了增色的原木，给人宁静、低调、沉稳的空灵感，而整体低色阶的布置中，只有亮橘色床铺是整个视觉的焦点，充满时尚潮流的品位。

↘ 宁静优雅的私属吧台 有别于餐厅旁连接厨房的吧台，起居休闲空间中金属刻篆心经正对面也有一个吧台，更具隐私感，橘红色的灯带让这里更有气氛，在此小酌独处，释放一整天的疲劳。

↑ **厨房与餐厅中继站**　在厨房外设计师打造了吧台空间，让厨房通过吧台与餐厅互动，一些简单的轻食跟料理都可以在此准备，这个空间等于是厨房与餐厅的中继站。

↗ **玻璃与大理石的大气质感**　主卧浴室的洗手台墙面以雾面玻璃打灯做呈现，大理石双洗手台的水龙头也是透明玻璃来呼应；而进入浴缸的玻璃门则是利用按键控制玻璃的穿透性，有人入浴时则让玻璃门雾化到无法看见里面。

↓ **大自然与人的紧密结合**　老人房的空间用的是空心砖的背墙，保留这种空心砖自然的纹理，让大自然与人互动的精神在这里被延伸、被保留。

玻璃流行趋势

运用几何不规则的彩色玻璃。玻璃能让光线的晕染变得更有气氛，轻薄、水晶般的光泽让玻璃大量运用到居家设计中，近年的流行趋势为几何不规则的彩色玻璃，运用在玻璃立面能增加视觉亮点。玻璃材质的呈现已经从最基本的单纯玻璃，演化到可以遥控的雾面玻璃、玻璃嵌灯光等各种多样性变化，使室内空间呈现出意想不到的视觉冲击。

Part3
设计形式

通透的玻璃材质，能让光线在空间恣意流动，空间因此更有故事感。利用不同的玻璃种类创造风格，例如清玻璃因为能见度最高，作为隔间墙时能有效破除封闭感，而运用特殊技法或彩度有所变化的装饰玻璃，会因为图形变更而使空间不受单一风格的限制，是室内装修时创造明亮度与宽阔感不可或缺的好帮手。以下将介绍玻璃的造型工法与混材设计。

造型&工法

玻璃的种类分成清玻璃、烤漆玻璃、胶合玻璃、喷砂玻璃、激光切割玻璃、彩色玻璃、玻璃砖与镜面。在小面积的居住环境中加入玻璃元素，具有拉长、放大空间的效果，在立面贴上菱形茶镜，会有华丽延伸的视觉享受，因此，善用"放大"和"区隔"两点，将能结合玻璃的透光性和艺术性，创造扩张立面。

图片提供 _ 相即设计

玻璃工法
01 框边手法

玻璃的框边手法是居家设计中常见的运用，不论是用铁、不锈钢，还是镀钛来框住玻璃，以简单利落的线条，搭配透光性极佳的玻璃，永远让人目不转睛，百看不腻，且不拘泥于任何一种风格。框边手法不仅能增加玻璃的强度，还能将采光引入室内，扩大室内空间感。

左下方图例中，以镀钛框住玻璃当作浴室隔间墙，让视觉多些层次感，隔而不断，以此分割空间，摆脱了浴室一定要用不穿透的立面来保护隐私的传统。

右下方图例中，运用铁件框住彩绘玻璃与压花玻璃当作屏隔，为直接穿透的办公区提供了遮挡，不仅改善空间格局，更创造出新颖的视觉焦点。

Methods

施工 Tips

1. **以硅利康做收边**。不锈钢与玻璃结合，凡是 90° 交界面处都是以硅利康做收边。
2. **想清楚施作先后顺序**。不锈钢与玻璃混搭，以正常逻辑来说，由于不锈钢材质怕刮伤，必须先做玻璃再做不锈钢，但如果是玻璃跨在不锈钢上的设计，则必须先施作不锈钢。

图片提供 _ 相即设计　　　　　图片提供 _ 禾捷室内装修设计

玻璃造型
02 运用镜面

一般在居家空间中运用镜面，是希望利用反射的特性，放大空间感，并让人能有明亮的感受，也折射出更宽敞的空间视感。不论是餐厅、玄关、储藏室、卧室、柜体等，只要适当运用镜面，都能发挥出不同的作用和效果！

左下方第一张图例为卧室床头的立面设计，通过纵向的线条增添立面幅度，左右两侧采以镜面为反射材质，表现出精致度。

右下方第二张图例则以两片长条状茶镜为大理石立面做分割，搭配镜面的折射，使得光线映射在茶镜上，让立面更有光影层次，丰富客厅空间。

Methods

施工 Tips

1. **运用中性硅利康胶黏剂较好。**当装饰面材为镜面时，必须使用中性硅利康，不可使用酸性的，因为酸性硅利康会让镜面发黑。
2. **确认有无刮痕。**确认完成面是否有刮痕、破损，尤其镜面最容易在施工中不小心刮伤。

图片提供 _ 相即设计   图片提供 _ 相即设计

玻璃造型
03 运用压花玻璃

玻璃的形式多样，作为立面、柜体装饰素材，可以替空间营造出时尚、现代感等不同风格，且有多种材质种类供挑选，大多具备光滑、不易留脏污等特性，而压花玻璃就是一种很棒的立面透光材，它是使用压延方式制作的，有许多不同的造型，例如海棠花、方格、长虹、银波、瀑布等。

压花玻璃基本上和一般的透明玻璃性质相同，却具有透光不透影的特点，光线穿透它之后会比较柔和，还具有屏蔽隐私的作用。下方图例中，使用粉红色绷布搭配银波玻璃，白天能引进自然光线，让光线透过银波玻璃照射出波光粼粼的样貌，却依然保有居家空间的隐私。

施工 Tips

1. **施工前须先规划。**通常装修玻璃属于后端工程，且因玻璃经过加工后可能导致无法再进行切割、打磨等动作，因此须先做好施工前设计规划。
2. **美化修饰裁切断面。**断面修饰方式不同，费用也不同，因此应确认后再做施工。

图片提供 _ 相即设计

混材

玻璃是一种被广泛应用的建材,以往作为透明门窗的材料,但随着技术发展,借由各种不同的加工方式,不只可改变其硬度、表面质感,甚至能改变原本透明无色特质,不仅在视觉上迥异于以往认知的印象,应用范围也因此变得更加广泛。金属在居家空间中最常在五金配件或者玻璃窗框中看到,而砖材款式多元,无论是何种风格空间,几乎都能找到相应的砖来使用,两者皆是混材搭配的绝佳伙伴。以下将介绍玻璃与金属以及玻璃与砖材的混搭应用。

玻璃混搭
01 玻璃 × 金属

铁件金属经常被运用于功能性或结构性设计,甚至在装饰艺术上也广受重用,不锈钢、黑铁板、冲孔铁板、镀钛板都是室内空间常见的金属材质,铁件金属的质感有如精品般的精致,它和玻璃混搭最大的优点是:玻璃有厚度的问题,而不锈钢或铁件可以折,这时候就能利用金属作为玻璃的收边处理,厚度既不会裸露出来,两者结合又能呈现工业、现代、科技或时尚感多种氛围。

不过要提醒的是玻璃较没有使用范围的局限,然而以金属材质来说,亮面不锈钢、镀钛不建议运用在浴室内,前者会造成锈蚀,镀钛则是易有水垢的问题产生。另外,黑铁烤漆也不适用于浴室,同样也会有生锈的状况。若是黑铁以盐酸制造出粗犷锈蚀感,最后必须再施作一层透明漆维持最佳的保护性,避免随着时间持续锈蚀氧化。

Methods

施工 Tips

1. **以硅利康做收边。**不锈钢与玻璃结合凡是 90° 交界面处,都是以硅利康收边。
2. **凹槽沟缝的尺寸要大于玻璃厚度。**铁件与玻璃结合同样也是运用硅利康收边,不过若是施作为轻隔间设计,铁件当作结构的话,铁件可打凹槽让玻璃有如嵌入,记得凹槽沟缝的尺寸要大于玻璃厚度,空隙处再施以硅利康,整个结构就会很稳固。

图片提供 _ 相即设计

图片提供 _ 禾捷室内装修设计

玻璃混搭
02 玻璃 × 砖材

玻璃具有穿透性的特色，可让室内外光线顺利接轨，也因此是装修时创造明亮度与宽阔感不可或缺的好帮手。无色透明的"清玻璃"或"强化玻璃"，因为能见度最高，即使作为隔间墙也能将视觉干扰降到最低。与砖结合时，多半会退居烘托跟陪衬的角色，使视觉更能聚焦在砖的变化上。

另外，可依砖的色系选用半透光的喷砂、夹纱玻璃，或是单色的彩色玻璃，都能因折射性降低而提升搭配和谐度。而运用不同技法或彩度变化的"装饰玻璃"，如彩绘、雕刻、镶嵌玻璃等，会因图形的变化使空间有活泼的效果，所以周边搭配的砖材除了可以选用朴素一点的款式之外，有时也可选用像红砖、烧面砖这类强调休闲感的款式，反而能强化温馨跟丰富的气息。

Methods

施工 Tips

1. **玻璃的厚度选择很重要。** 当成隔间或置物层板用的清玻璃，最好选择 10mm 的厚度，承载力与隔音性较佳。

2. **预留砖面距离。** 就砖跟玻璃的结合而言，除了进行单面的砖材铺贴之外，最好还能往转角侧边至少延伸 10~12cm 的砖面距离。

图片提供 _ 禾捷室内装修设计

图片提供 _ 相即设计   图片提供 _ 汉桦瓷砖

Part4
替代材质

　　喜欢玻璃的穿透感，但又不喜欢过度暴露隐私；喜欢玻璃的透光性，却担心它容易碎裂。相信这是很多设计师和业主在沟通时会遇到的问题，以下将介绍一种玻璃的替代材质，它的耐用度与透光度都与玻璃不相上下，不仅可以当作立面，也能当作门片材质，且价格经济实惠，若想尝试创新材质取代玻璃立面，可以使用塑料波浪板。

塑料波浪板

　　波浪板由聚碳酸酯板（俗称PC板）制成，为一种高分子塑胶，具有耐冲击性，透明性、采光佳，颜色很多，波纹打光很漂亮，广泛运用于建筑工厂、雨遮、停车场、温室等地方，作为简易遮蔽作用，通常都被视为不登大雅之堂的廉价材质，但建材的价值不该被价格定义。

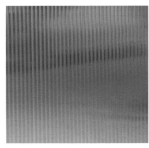

图片提供 _ 柏成设计

　　右页图例中，以透明波浪板设计成具有半穿透性质的室内隔间立面，其波纹展现光透性，创造仿佛玻璃的效果，但相较之下轻盈许多。即使是便宜的材料也可以带来不同的效果，只要了解材质本身的特性，以原有的材质创意延伸，就能在预算有限的情况下创造新奇立面。它的优点是价格便宜，取材容易，缺点是须再被加工才能成形。

塑料波浪板取材容易，具有耐冲击、波纹
打光很美等特性，是很棒的玻璃替代材质。

图片提供 _ 柏成设计

塑料波浪板的波纹展现光透性，且比玻璃轻盈
许多，即便是便宜的材质也能创造高质感。

快速赋予墙面生命的素材

9 | 壁纸

Part1
认识壁纸

图片提供 _ 相即设计

一般俗称"壁纸"的壁面装饰材，是由面与底两部分组成，若由面来区分，大致可分为壁布、壁纸两大类，底部则有纸底材或不织布底材等。然而，现代科技推陈出新，表面材质的装饰艺术日益精湛，在健康、环保、安全、耐用性等实用价值上，也不断实现技术突破，以满足时代追求的视觉风格与体贴人性化的产品性能设计为诉求。

现在的壁纸材质不一定是纸，可取材自大自然，如树枝、草编、麻绳、木皮等，也可以是皮革、布料，或混搭石材壁砖，不同的材质花色互相搭配，可以让空间更有质感与变化。挑选壁纸为立面材质时，应注意以下几点：

✔ 化学物质含量与摩擦因数	靠近壁纸的材质面，闻一下是否有异味，若气味较重，则有甲醛等挥发性物质含量较高的可能，宜慎选之。或者在店家允许的情况下，以拧干的湿布稍微擦拭纸面，如果容易出现脱色或脱层现象，则代表其表面层耐摩擦性较弱。
✔ 依空间选择	在居家的壁纸采购上，除了可以依照家中的使用特性，挑选较容易清洁擦拭、耐刮、耐磨、防水、阻燃、吸音等效果外，还能依照喜欢的空间气氛，依照需求尺寸，搭配出简单素雅或华丽高贵等空间情境。
✔ 好清洁	虽然价格上壁布比壁纸稍贵，但同色系的壁纸和壁布相比，壁布的质感更佳，且近几年壁布的防潮和防污处理越来越好，平时用小毛刷清洁脏污处即可，相较于壁纸更好清理。

风格多元又环保
01壁纸

| 适合风格 | 各种风格均适用
| 适用空间 | 客厅、餐厅、书房、卧室、儿童房

图片提供 _ 摩登雅舍室
内设计

材质特色

　　壁纸在居家空间的装饰上必须是融入整体环境的背景色，因此"协调性"是搭配的普遍共识。壁纸元素的混搭，可以让空间显得更有变化，不会太过单调，可轻松活泼，也可华丽典雅，只要搭配得宜，壁纸可以是玩空间的生活家在混搭风潮中所能应用发挥的重点。若是喜欢柔和的乡村风格，选择轻柔淡雅、排列有致的小碎花，一眼就给人放松随兴的舒适感，呈现出轻松温馨的主调，是壁纸款式中不退流行且广受欢迎的花色。

种类有哪些

　　壁纸的结构可分成表面与底材，底材又可分为三大类：PVC塑胶、纯纸与不织布。PVC底材过去非常普遍，主要因为施作方便，耐久性强。但在环保意识高涨的现代，含有毒物质的PVC未来将会逐渐被淘汰。纯纸是传统壁纸的主要底材，对于贴附于特殊造型如弧形等设计，使用纸质底材的服帖度较好，施作时可直接在底材上浆再贴附于墙上。用来取代纯纸底材的不织布，孔隙较大，因此吸收糨糊的速度也较快。

挑选方式

建议在挑选壁纸时亲自到展售现场选购，除了表面图样及色彩均匀之外，也要注意选择透气性佳、材质天然无异味、手感柔韧的壁纸材质。而除了壁纸本身的品质之外，施作之前则要留意壁面是否有壁癌、漏水等问题需要先处理，而不是把壁纸直接贴上遮掩瑕疵，可是会弄巧成拙的喔！

图片提供 _ 摩登雅舍室内设计

创造质感倍增的墙面
02 壁布

| 适合风格 | 各种风格均适用
| 适用空间 | 客厅、餐厅、书室、卧室、儿童房

图片提供 _ 摩登雅舍室
内设计

材质特色

过去壁纸与壁布是壁垒分明的二分法，壁纸以纸浆制品为主，壁布的面材则为织品，但两者都有背材，可用糨糊与白胶粘贴于墙上，背材则分为PVC、纯纸，以及用来取代纸质背材的不织布。

柔软的布匹很难固定于墙上，壁布的产生主要是为了方便将棉、麻、丝等织品的质感与触感用于墙面装饰，与壁纸最大的不同就在于棉、麻、丝，甚至人造丝等织品所形成的视觉效果可完整呈现布料的温润感。

种类有哪些

壁布和壁纸的底材材质相同，使用PVC、纯纸和不织布。通常在面材的呈现上，以棉、麻、丝天然材质为多，因为日新月异的技术与设计，许多过去不可能出现的材质例如羽毛、贝壳、树皮等也被用于墙面装饰，并且使用了和壁纸、壁布工法相近的施作手法，让特殊壁材成为非常另类的时尚壁材。

图片提供 _ 摩登雅舍室内设计

挑选方式　　　　　　可以依不同空间尺度选择花色或请设计师与厂商提供专业建议。一般人对壁布材质了解不多，大部分以花色挑选为主。壁布的施作，通常也委由专业工匠处理，鲜少以DIY形式施作。挑选壁布时，可请厂商解说不同材质（包括面材与底材）在效果与施作、使用上的差异。

Part2
经典立面

巧用壁纸艺术
打造法式浪漫花草系家园

空间面积｜165m² 主要建材｜进口壁纸、线板、玻璃、
超耐磨木地板、复古砖、西班牙进口瓷砖、地毯、挂画

文 曾令愉
空间设计暨图片提供　摩登雅舍室内设计

↑ **纯白色调诠释典雅质感** 由于沙发背墙选择了图案繁复的壁纸，因此在前方的电视墙及沙发、茶几等的挑选上，均以清爽的白色为主，搭配细腻的雕花线板与文化石，让空间完美呈现典雅大方的法式经典美学。

◆ 华丽古典壁纸打造浪漫空间
公共区域规划为宽敞的开放式格局，并且利用餐柜设计与壁纸墙面区分餐厅与客厅区域，其中最引人注目的便是客厅沙发背墙的法式花鸟图腾壁纸，为空间注入唯美又浪漫的艺术气息。

本案女主人喜欢旅游，尤其钟情法国巴黎的莫奈花园，气质婉约的她也是个花草系美人，在旧家时勤快打理了一座生机盎然的小花园，每天漫步花径之间，是女主人最爱的时光。可惜的是，新家无法像以前一样在户外惬意莳花弄草，贴心的设计师为了让女主人在家中室内也能有置身花园般愉悦享受，精心以法式庄园风格为空间定调，打造一座浪漫迷人的花草系居家空间。

但是，要如何在室内空间打造出"花园"的意象呢？设计师的秘密武器，就是活用丰富艺术美感的壁纸元素。在整体格局上，设计师以开放式手法规划165m²的居家空间，首先在玄关区以清新的柠檬黄开启美感飨宴，并设置一道收纳墙打造入口短廊道，兼顾玄关收纳功能与风水考量，再搭配复古花砖，谱成空间的轻快序曲。转折进入客厅，繁花似锦的景致映入眼帘，纯白色沙发后方背墙上，一整片如宫廷花鸟工笔画的壁纸铺陈，象征吉祥的五色鸟跃然枝头，西洋牡丹花绽放一室灿烂，让女主人笑说："每天都好想邀朋友来家里喝下午茶！"

而私人区域的部分，设计师也运用不同色调与主题的壁纸，为家中成员量身打造。主卧室的淡雅灰蓝，女孩房的温柔藕粉，男孩房的俏皮插画风，每个房间都有不同的惊喜，让这个家成了一座满载甜美故事的秘密花园。

◆ 点缀花鸟语汇，让家成为一座小花园　除了运用壁纸与复古花砖融入花草意象之外，设计师也在空间中搭配了如百科全书图鉴般的花鸟绘画创作，笔法细腻且风格清丽脱俗，让空间不但像花园也像艺术长廊，兼具知性与艺术之美。

◆ 小巧玄关展现设计巧思　由于大门正对落地窗，设计师设置一道隔墙形成小巧的玄关走廊，并且量身打造收纳柜体，再加上复古花砖铺陈，让人一进门就感受到浓厚的艺术气息。

← **清爽灰蓝色系构筑解压空间**　呼应着房主夫妻优雅而富含知性的气质，主卧室内以清新的灰蓝色调为主题色，除了在寝具及软装上的搭配，床头背墙也特别选择了呼应空间主题的花鸟图腾，为洁白的主卧室增添一抹淡雅合宜的艺术感。

↓ **温柔藕粉微漾轻熟心事**　大女儿的卧室以温柔甜美的藕粉色系为主，床头主墙选择细腻手绘风格的花草壁纸，木地板铺陈舒适质感，并且搭配壁灯点亮柔和氛围，完美打造专属女孩与闺密尽情分享心事的小小天地。

↑ **童趣绘本风格启动想象**　小儿子的卧室则呼应着男孩勇于冒险与探索的精神，选择带有浓浓童趣绘本风格的热气球壁纸，并且巧妙搭配热气球吊饰，创造虚实相映的美感趣味，为空间带来丰富的故事想象力。

↗ **巧用花砖呼应花草主题语汇**　由于厨房墙面较不适合运用壁纸进行装饰，因此设计师以进口花砖打造出拼贴的趣味，而厨房也成为女主人喜爱的空间之一，在美丽的厨房怀着轻松愉悦的心情，惬意为家人准备饭菜。

TREND

壁纸流行趋势

进口定制壁纸与大图壁面正在流行。随着社群传播的发达、出国旅行的便捷性，人们的视野更加开阔，也更加渴望自己的"家"要有独一无二的故事与个性。反映在壁纸运用的趋势上，近年流行的进口定制壁纸与大图壁纸，能够为居住者量身打造属于自己的独特画面，让生命故事如电影镜头般，跃上立面，精彩映现。

Part3
设计形式

在壁纸材质的运用上，传统做法通常是"一纸到底"，以同一种材质来铺陈整个空间的区域。但是随着居家设计观念的多元变化，再加上壁纸材质在美学质感上的日益精进，如果只是用壁纸发挥修饰墙面的效果，那就太可惜了。通过局部点缀贴饰、视觉聚焦法、异材质混搭法等多样变化手法，不但能帮助界定空间区域，再搭配灯光、板材装饰等细腻手法，就能让壁纸从麻雀变凤凰，塑造如同精致艺术作品般的美感，轻松打造室内惊艳焦点！

造型&工法

由于壁纸在施作工法上相对容易，因此使用灵活，弹性大，可依空间属性需求以及壁纸本身的花色来进行整体搭配比例上的评估。例如纯色或较淡雅的小碎花图腾壁纸，较适合用于全室统一的贴法；但如果是风格较为强烈或材质特殊的壁纸，则建议以单一或局部墙面贴饰，赋予壁纸视觉焦点的美感生命，同时也不会让整个室内显得太过压迫。

图片提供 _ 摩登雅舍室内设计

壁纸造型
01 布满壁面贴法

若面积较小或者是风格走向较温馨的空间，建议可采用单一壁纸布满壁面的贴法，运用单色壁纸作为涂料的替代材质，或者是选用样式素雅可爱的小碎花壁纸，来为空间营造温暖甜美的欧式田园、乡村或美式风格。

除了在花样上要特别注意之外，同时也要留意立面尺寸丈量、转角处的转折、收边收口等细节事项，并且记得将壁纸列为所有施作项目的最后一项，以免其他木作或油漆过程中对壁纸造成污损。若施作面积较大或缺乏贴壁纸的相关经验，建议请专业团队协助施作，以避免贴合过程中产生气泡、歪斜等失误。

图片提供 _ 摩登雅舍室内设计

施工 Tips

1. **注意壁面平整**。施工前应注意墙面平整，避免裂痕、潮湿、壁癌等情况。
2. **注意壁纸花样对齐**。注意接边处的花样是否对齐，以免造成画面不连续的感觉。
3. **建议请专业工班施作**。天然材质或浅色系的壁纸易出现接缝，建议寻求专业工班进行施作。

壁纸工法
02 局部点缀贴法

针对风格主题、装饰性较强烈的壁纸，建议可以采用局部点缀的贴法，将壁纸当作画布，选择空间里的视觉端景进行施作，例如玄关入口端景、走道端底墙等，让壁纸化身为空间的视觉焦点。

除了单一墙面的局部装饰法之外，另一种常见的手法便是腰带贴饰法。壁纸腰带与常见的瓷砖腰带同样具有空间分界的功能，同时也有修饰墙面瑕疵的效果。常见的做法是贴在人站立的腰部高度（即80~120cm高度处），或者用于墙面与天花板交界处，用来取代线板，都能为空间增添精致的巧思。

施工 Tips

1. **依需求选购壁纸腰带。**市面上厂商推出多种尺寸规格的壁纸腰带，可依空间需求选择。
2. **搭配线板创造风格。**除了壁纸腰带本身之外，也可搭配线板加宽视觉效果。
3. **注意收边细节。**如果不是使用专用尺寸的壁纸腰带，那就要更注意收边的细节。

图片提供 _ 摩登雅舍室内设计

壁纸造型
03 界定使用空间

开放式空间可以说是当前室内设计格局上的主流，对小面积而言可以争取更完整宽敞的放大感，而对大豪宅来说则是能保持整体大气的恢宏气度。因此，在空间的视觉设计上，更需要一些巧思营造视觉焦点与层次感。

建议可选择客厅沙发背墙、餐厅主墙或卧室床头背墙等空间主墙，呼应空间本身的主题调性，搭配风格抢眼的设计感壁纸，如乡村风搭配碎花壁纸、古典风搭配欧式图腾壁纸等，通过壁纸的贴饰锚定空间视觉重心，便能让整个空间的层次感跃出，也能达到与其他区域区别的美感效果。

Methods

施工 Tips

1. **由视觉主墙选择壁纸。**为了呈现空间层次，建议由视觉主墙开始选择壁纸，再依序配置其他墙面。
2. **尝试不同的壁纸搭配。**不同墙面的壁纸在色彩搭配上可采取较大胆的跳色，或是以同色系不同深浅营造和谐层次感。

图片提供 _ 摩登雅舍室内设计　　　　图片提供 _ 摩登雅舍室内设计

壁纸造型
04 搭配手绘图

许多房主在打造自己的小窝时，最注重的就是"独一无二"，希望能够创造出只属于这个家的美丽。而想要达成这个愿望，壁纸就是最好的创意挥洒素材。除了市面上既有的壁纸花色选择之外，也可以通过当代先进的大图输出或3D写真技术，为房主打造出量身定制的独特视觉设计。目前定制壁纸技术相当发达，甚至可在壁纸上呈现立体刺绣的质感。

除此之外，也有设计师会直接将壁纸当成画布，将房主心目中的梦想情境以手绘方式绘制于壁纸上，或者是以壁纸本身的图样为基础，通过手绘增强美感，创造出市面上绝对买不到的独家创意设计，为居家空间带来更丰富的故事。

图片提供_摩登雅舍室内设计

Methods

施工 Tips

1. **注意保持壁面干净。**手绘图具有电脑输出无法取代的手工温度质感，可与壁纸及涂料等素材搭配运用，但在作画时必须保持壁面干净，别让颜料破坏画面。

2. **贴壁纸为最后一道工程。**施工过程中很容易造成壁纸损伤，因此在施作次序上，应保持以"壁纸置于最后一道工序"的原则进行。

图片提供 _ 摩登雅舍室内设计

混材

在立面的搭配上，依据空间风格主题的不同，常与壁纸一同出现的材质也有所差异。例如乡村、欧式古典或美式风格等居家空间，经常以线板搭配壁纸铺陈出空间中的温暖朴实调性；而现代风格的空间，则可以结合金属、镜面等较偏属冷调的材质，点缀出空间中的独特个性。不过，混搭必须从全盘风格进行考虑，尤其是壁纸本身的颜色、样式、图案大小比例与质感等，是否与预计搭配的元素相呼应，才不会造成突兀感。

壁纸混搭
01 壁纸 × 板材

在空间立面的塑造上，壁纸与板材可以说是分别扮演着平面与立体两种视觉效果，将居家空间的立面诠释为一道最美的风景。在乡村风、度假风、古典风等欧美调性的空间，壁纸与线板更可说是师出正统的经典装修元素，以壁纸铺陈视觉情境后，若能再加上线板细腻收束边角细节，两者之间就像是"画"与"画框"的关系，让质感大为提升！例如法式浪漫居家适合搭配花鸟工笔质感的壁纸，结合线条柔美的雕花线板，便能将居家立面打造为一件精致的艺术创作。

因为壁纸有一定的寿命，应视空间条件及壁纸本身的材质适时更换，且为了避免施工过程中对壁纸造成损伤，因此在施作次序上应保持以"壁纸置于最后一道工序"的原则进行。如此一来，就能避免在施作板材时，因切割产生粉尘或震动而不小心损伤壁纸，且壁纸也不会被线板压住，造成日后无法更换的状况。

施工 Tips

1. **预留消耗空间**。壁纸粘贴的过程中会产生 8%~15% 的合理损耗量，购买时应预留此消耗区间。
2. **先涂上清油**。在贴壁纸前先在墙面涂上清油，封住墙底，以避免吃胶。
3. **贴壁纸为最后一道工程**。务必将壁纸粘贴置于整个空间最后一道施作顺序，避免其他工程脏污壁纸。

图片提供 _ 摩登雅舍室内设计

壁纸混搭
02 壁纸 × 金属

　　壁纸最令人着迷的地方，就在于它的质地
有多元选择，能够呈现出一般涂料无法营造的
特殊质感。尤其是带有柔亮光泽的丝缎面壁纸
或是融入金银箔等华丽质地的艺术壁纸，都能
为空间创造惊艳不凡的美感。

　　也因为壁纸本身具有丰富的艺术效果，所
以非常适合与镜面、金属等材质进行混搭，例
如可运用丝绒壁布搭配铜金色复古质感壁饰，
或者是在金箔图腾壁纸上悬挂金属边框的艺术
画作，若能再搭配灯光的点缀与晕染，就能够
为空间创造迷人璀璨的华丽宫廷调性。要特别
注意的是，使用金箔壁纸应避免使白胶沾染到
表面形成雾面膜，将会让金箔壁纸的光泽失
色。另外，也要避免使用硬质刮板，以防止不
小心在金属壁纸表面留下刮痕。

图片提供 _ 摩登雅舍室内设计

施工 Tips

1. **注意壁面平整。**若是选用本身带有金属质感的壁纸，在施作时应注意壁面务必无粉尘或凹凸，一旦略有不平整之处，贴上金属壁纸后就会十分明显。

2. **注意上胶时间。**上胶时间要特别小心，上一幅贴一幅，勿让纸材泡水时间过长，以免纸材缩水而造成金属部分产生气泡或缩边、变形的问题。

3. **不要使用粘贴式挂钩。**倘若要在壁纸墙面上增添金属壁饰，则要特别注意壁纸结构承重问题，悬挂方式建议以锁钩为主，尽量不要使用粘贴式挂钩，以避免壁纸脱落的问题。

图片提供 _ 摩登雅舍室内设计

Part4
替代材质

　　市面上壁纸的选择已经相当多元化，在品质与耐用程度上也大幅提升，但是壁纸仍会有受潮的问题，针对较潮湿的环境，建议避免使用壁纸。另外，壁纸依然有使用年限上的考虑，一般而言，若选择品质优良的壁纸，并注重施工过程，壁纸的寿命可长达十年之久，但仍可能会受到太阳照射褪色、潮湿环境导致纸面发黄或边角翘起等影响。

　　若受限于空间本身的先天条件，或者想要避免壁纸后续保养更换的问题，却又希望能够达到壁纸的美感效果，建议可选择仿饰砖材或特殊质感涂料作为替代材质，也能为空间立面创造丰富的表情。

01 仿布纹砖

　　仿布纹砖是一种石英砖材，其表面经过特殊处理，形成如针织、棉布或麻布般凹凸细致的触感，在视觉上也逼近真正的布料材质，打破了一般人对于砖材冰冷坚硬的印象，能为空间带来柔和的氛围。因此，针对一些室内环境较潮湿的卧室或书房，或者是墙面邻近厕所而易有受潮或壁癌疑虑的立面，不妨选用此种仿布纹砖来模拟壁纸的质感，虽无法完全达到温暖的触感，但在视觉上几可乱真。或者可以采用活泼的拼贴手法，让立面呈现如拼布地毯爬上墙面般的趣味效果。就价格而言，目前国内外均有不少仿布纹砖产品可供选择，平均整体价格仍高于壁纸，施工上也较为费工耗时。但是就耐用程度及保养清洁而言，砖材的寿命确实更有优势，主要看消费者如何评估与取舍。

图片提供_摩登雅舍室内设计

仿布纹砖在视觉上逼近真正的布料材质，打破了一般人对于
砖材冰冷坚硬的印象，能为空间带来柔和的氛围。

图片提供_摩登雅舍室内设计

选用仿布纹砖来模拟壁纸的质感，虽无法完全达到温暖的
触感，但在视觉上几可乱真。

02 涂料

　　涂料与壁纸向来是人们考虑立面材质时的两大竞争对手，不少人心仪于壁纸的多元质地与艺术效果，却又担忧，假设日后想改为油漆涂料时，就得要全面翻新批土。其实，涂料的发展也是突飞猛进，例如近年由国外引进并逐步风靡室内设计圈的仿饰漆，其优势在于运用范围广泛，基本上只要有正确的底漆为基础，便可做出仿石材、仿木质、仿布料，甚至是青铜、仿旧等特殊的质感。以仿布纹漆为例，在工法上主要是以喷枪制造出布纹织理，用滚筒压扁干燥后再上乳胶漆，最后上一层透明漆加以防尘保护即大功告成。除了风格多样化之外，因其属于水性涂料，在环保及安全考虑上也较一般油漆涂料更有优势。而在价格上，目前国内外均有大品牌推出织纹漆、金属漆等系列产品，适合一般消费者选购使用；但若是对空间美感较为讲究，则仍建议寻求专业仿饰漆团队施工，能得到更完美的手感效果。

图片提供 _ FUGE馥阁设计

仿布纹漆的工法，主要是以喷枪制造出布纹织理，用滚筒压扁干燥后再上乳胶漆，最后上一层透明漆加以防尘保护即大功告成。

图片提供 _ 摩登雅舍室内设计

仿布纹漆除了风格多样化之外，因其属于水性涂料，在环保及安全考虑上也较一般油漆涂料更有优势。

图书在版编目（CIP）数据

室内立面材质设计圣经 / 漂亮家居编辑部著 . — 北京：中国轻工业出版社，2020.6

ISBN 978-7-5184-2669-0

Ⅰ . ①室… Ⅱ . ①漂… Ⅲ . ①室内装饰设计 Ⅳ . ① TU238.2

中国版本图书馆 CIP 数据核字（2019）第 208459 号

责任编辑：陈　萍　　责任终审：张乃柬　　整体设计：锋尚设计
策划编辑：陈　萍　　责任校对：晋　洁　　责任监印：张　可

出版发行：中国轻工业出版社（北京东长安街6号，邮编：100740）

印　　刷：北京富诚彩色印刷有限公司

经　　销：各地新华书店

版　　次：2020年6月第1版第1次印刷

开　　本：720×1000　1/16　印张：15

字　　数：280千字

书　　号：ISBN 978-7-5184-2669-0　定价：88.00元

邮购电话：010-65241695

发行电话：010-85119835　传真：85113293

网　　址：http://www.chlip.com.cn

Email：club@chlip.com.cn

如发现图书残缺请与我社邮购联系调换

190620S5X101ZYW

银工房

传世红木 传世铜饰

十年磨铜件，缔造铜件业传奇

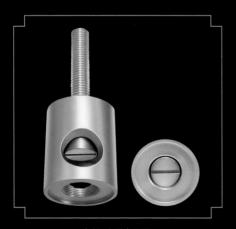

内部 上面 | 正面

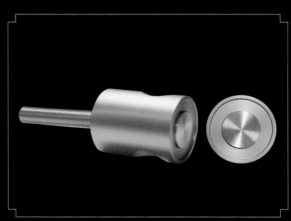

组装好 侧面 | 正面

中山市银工房家居铜饰有限公司

移动手机：188 0760 5585　135 4983 1616
QQ：1191999222　邮箱：1191999222@qq.com
厂址：中山市三乡镇平南工业区金福路 12 号 C 栋（骐祥厂区）